"지금의 나와 내가 되고자 했던 것 모든 것은
나의 천사 같은 어머니 덕분이다."

All that I am, or hope to be, I owe to my angel mother.
- 에이브러햄 링컨

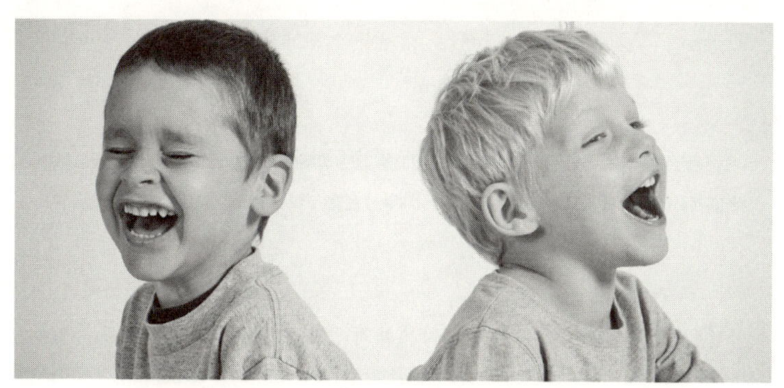

내 아이를 위한 UP학습코칭

조석희 지음

루이앤휴잇

게 알려주고 있어 큰 도움이 되었다.

- 이영주/ 41세/ 초등학교 5학년 학부모

부모와 아이, 선생님이 모두 행복해지는 똑똑한 자녀교육서!

- 장미영/ 37세/ 초등학교 3학년 학부모

부모들을 위한 매우 구체적이고 성찰적인 자녀교육의 지혜가 생생한 에피소드와 함께 무궁무진하게 펼쳐져 있다.

- 최윤주/ 45세/ 초등학교 5학년, 중학교 1학년 학부모

이 책을 읽고 비로소 행복해 하는 부모와 아이들의 모습이 손에 잡힐 듯하다.

- 한효숙/ 43세/ 초등학교 6학년, 중학교 3학년 학부모

아이의 학문적 성취를 높일 수 있는 구체적인 방법들을 제시하고 있어 매우 흥미롭다.

- 현미정/ 39세/ 초등학교 4학년 학부모

과연 '나는 아이들에게 어떤 엄마일까?'에 대해서 곰곰이 생각해보게 되었다.

- 이선경/ 37세/ 초등학교 2학년, 4학년 학부모

매력적이고 흥미진진할 뿐만 아니라 엄청나게 재미있고 유익한 책.

- 유빛나리/ 33세/ 유치원생 학부모

자녀교육의 올바른 이정표를 제시하고 있다.

- 심애란/ 40세/ 초등학교 5학년 학부모

자녀교육에 지친 부모들을 위한 따뜻한 위로와 해법, 그리고 진심 가득한 충고!

- 연초록/ 42세/ 초등학교 6학년, 중학교 2학년 학부모

불안하고, 걱정 많은 부모들에게 건네는 따뜻한 격려와 조언.

- 양수경/ 45세/ 중학교 3학년 학부모

나와 똑같이 아이 문제로 고민하고 있는 친구에게 꼭 선물하고 싶은 책!

- 임민정/ 43세/ 초등학교 5학년, 중학교 2학년 학부모

재미와 깨달음을 동시에 주는 책!

- 이영희/ 40세/ 유치원생, 초등학교 4학년 학부모

가르치고 훈계하는 책이 아닌 아이들에 관한 면밀하고 세심한 관찰이 돋보이는 부모들을 위한 힐링 메시지.

- 김민지/ 39세/ 초등학교 1학년 학부모

생생한 사례들을 통해 부모와 교사들에게 바로 사용해서 효과를 볼 수 있는 자녀교육

법에 대해서 알려주고 있다.

- 전윤아/ 38세/ 유치원생, 초등학교 2학년 학부모

자녀교육에 대한 막연한 두려움과 불안을 자신감과 행복으로 바꿔준다.

- 조은정/ 42세/ 초등학교 6학년, 중학교 3학년 학부모

좋은 부모, 좋은 선생님이 되기를 갈망하는 사람들에게 적합한 자녀교육 필독서!

- 임지연/ 43세/ 초등학교 5학년, 중학교 1학년 학부모

'아이를 잘 키운다는 것'이 어떤 의미인지를 다시 한 번 생각해보게 한다.

- 한나윤/ 40세/ 초등학교 1학년, 3학년 학부모

아이의 행복을 따라가라, 그곳에 자녀교육의 정답이 있다.

- 고윤지/ 35세/ 유치원생 학부모

부모와 선생님이 몰랐던 아이들에 대한 새로운 고찰.

- 강지현/ 33세/ 초등학교 1학년 학부모

모든 기대의 출발은 아이의 관심과 흥미로부터 시작해야 한다는 사실을 다시 한 번 깨닫게 되었다.

- 손유나/ 33세/ 초등학교 1학년 학부모

아이와 진정한 공감대를 형성할 수 있는 방법을 모두 담고 있다.

- 오혜정/ 39세/ 초등학교 3학년, 6학년 학부모

아이의 공부를 위해 부모가 해줄 수 있는 구체적이고 실질적인 방법을 담고 있다.

- 배현지/ 35세/ 초등학교 2학년 학부모

모든 부모들이 책에 실린 내용을 토대로 하나씩 꾸준히 실천해간다면 자녀교육의 새로운 장이 열릴 것이다.

- 나은아/ 38세/ 유치원생, 초등학교 1학년

아이를 잘 키우는 데 있어 꼭 필요한 자녀교육의 핵심 요소가 모두 담겨 있다.

- 김가람/ 30세/ 유치원생 학부모

누구보다도 소중한 내 아이들을 위한 따뜻한 자녀교육서.

- 한수정/ 42세/ 초등학교 5학년, 중학교 3학년 학부모

아이 문제로 고민하는 부모들을 위한 100% 리얼 공감 스토리! 아주 특별한 강연을 들은 느낌이다.

- 이수정/ 41세/ 초등학교 5학년 학부모

아이를 '성취하는 아이'로 키우고자 하는 엄마라면 두고두고 읽을 만한 책.

－박은희/ 39세/ 초등학교 2학년, 5학년 학부모

부모가 아닌 아이의 입장에서 공부를 잘 할 수 있는 방법을 담고 있다는 점이 독특하다.

－조인정/ 40세/ 초등학교 1학년, 4학년 학부모

다양한 연구와 실제 사례를 담고 있어서 매우 현실적이고, 응용이 가능한 책.

－윤채연/ 38세/ 유치원생, 초등학교 1학년 학부모

어떻게 아이를 키우고 가르칠 것인가?에 관한 모범답안을 제시하고 있는 것 같다.

－제형숙/ 31세/ 초등학교 2학년 학부모

아이의 행복을 위해 부모가 무엇을, 어떻게 해야 할까?라는 질문에 해답을 제시하는 책.

－주은경/ 42세/ 초등학교 6학년, 중학교 3학년 학부모

아이를 키우는 것에 대해 다시 한 번 생각해볼 수 있는 소중한 시간이 되었다.

－최은영/ 42세/ 초등학교 3학년 학부모

이제부터 느긋하게 기다릴 줄 아는 부모가 되리라. 답은 언제나 부모가 쥐고 있다.

－안효정/ 41세/ 초등학교 2학년, 5학년 학부모

부모의 솔선수범을 통해 아이를 변화시키는 살아 있는 자녀교육 노하우!

－한아름/ 32세/ 유치원생 학부모

수많은 상담과 강연을 통해 얻은 저자의 자녀교육 노하우가 책속에 가득하다.

－김혜원/ 42세/ 초등학교 6학년 학부모

좋은 부모가 되고 싶은 이들에게 좋은 부모가 되는 방법을 구체적으로 알려주고 있다.

－장　미/ 35세/ 초등학교 2학년 학부모

바람직한 '부모-자녀' 관계를 위해 반드시 알아야 할 요긴한 내용들로 가득하다.

－우주리/ 29세/ 유치원생 학부모

아이들 문제로 골머리를 앓는 부모와 선생님들을 위한 효과만점의 특급 처방전!

－김슬기/ 35세/ 초등학교 1학년, 3학년 학부모

아이가 스스로를 믿고 한계를 극복할 수 있도록 도와주는 것이 교사인 나의 역할이란 걸 다시 한 번 깨닫게 되었다.

－도연지/ 32세/ 초등학교 선생님

단 한마디의 말과 행동으로 아이를 변화시키는 살아 있는 자녀교육 노하우!

－최수영/ 40세/ 초등학교 3학년, 6학년 학부모

존경받는 부모가
자녀의 경쟁력을 키운다

"어린아이가 어쩜 이렇게 똑똑할까?"

"혹시 우리 애가 영재 아닐까?"

아이를 키우면서 이런 생각을 한두 번쯤 해보지 않은 부모는 아마 없을 것이다. 그러나 어렸을 때는 그렇게 똑똑하던 아이가 자라면서 부모와 주위 사람들의 기대에 미치지 못하는 경우가 적지 않다. 그 이유는 과연 무엇일까.

사실 공부를 못하는 아이들 중에는 보통 또는 보통 이상의 지능 지수를 가진 아이들이 많다. 그도 그럴 것이 주위를 살펴보면 어렸을 때는 천재나 영재로 알려졌던 아이들이 문제아로 전락하는 경우가 적지 않다.

전문가들에 의하면, 아이가 공부를 못하게 될 조짐은 아주 어려서 부터 나타난다고 한다. 이에 2~4세 아이들이 보이는 작은 행동만으

▶▶▶

로도 충분히 그 조짐을 발견할 수 있다.

문제는 대다수 부모들이 그 사실을 전혀 알지 못할 뿐만 아니라 아이로 하여금 공부를 못하게 만드는 원인을 직접 제공한다는 것이다. 부모 자신만 모를 뿐이다. 그러다가 아이가 학교에 들어간 후 성적표를 본 다음에야 사태의 심각성을 비로소 깨닫게 된다.

하지만 그때는 이미 늦다. 학원에 보내거나 과외를 시킨다고 한들 이미 공부에 흥미를 잃은 아이의 마음을 다잡을 수 없기 때문이다.

아이를 똑똑하고, 공부를 잘하는 아이로 키우고자 하는 부모들의 열망은 모두 한결같다. 하지만 그 노하우를 알고 있는 사람은 그리 많지 않다. 그러다보니 어렸을 때는 매우 똑똑하고 공부를 잘했던 아이가 중·고등학교에 가서는 문제아가 되거나 학교를 자퇴하는 등의 안타까운 일 역시 자주 일어나고 있다. 이에 많은 부모들이 자신의 기대와 달리 계속 엇나가는 아이들을 보면서 뒤늦은 후회를 하곤 한다.

필자는 지금까지 이런 사례들을 너무도 많이 봐왔다. 면담을 하면서 끊임없이 눈물을 흘리며 후회하는 수많은 부모들과 부모의 마음을 제대로 이해하지 못하는 아이들을 보고 있노라면 안타까움을 넘

▶ ▶ ▶

어 애잔한 생각이 들 정도다. 이에 능력이 되는 한 그들의 눈물을 닦아주는 것이야말로 교육전문가로서 내 자신이 반드시 해야 할 의무라고 생각하게 되었다.

이 책은 그런 다짐 및 오랜 시간에 걸쳐 진행했던 수많은 상담과 깊이 있는 연구의 결과물로 자녀교육 및 아이들 지도에 큰 어려움을 겪고 있는 수많은 부모들과 선생님들을 위한 것이다. 이에 아이들의 즐겁고 행복한 삶을 위해 부모와 선생님이 가정과 학교에서 무엇을, 어떻게 해야 하는지에 대해서 구체적으로 이야기하고자 했다.

아이의 학습과 뛰어난 성취를 돕기 위해 부모와 선생님은 과연 어떤 준비를 해야 하고, 어떻게 도와줘야 할까.

그러자면 우선 아이들의 학습장애를 일으키는 다양한 문제들에 대해서 명확하게 이해할 필요가 있다. 그래야만 근본적인 처방을 통해 문제 해결이 가능하기 때문이다.

이를 위해서 필자가 실제 상담을 진행했던 사례들을 비롯해 자녀교육의 핵심 이론과 수십 년 동안 진행했던 연구의 결과들을 책 곳곳에 담았다. 여기에는 학습장애의 근본적인 원인을 제거하는 노하우 및 다양한 학습 전략, 근본적인 처방이 담겨 있다.

▶ ▶ ▶

　아무쪼록 이 책이 부모와 선생님의 고민을 줄이는 것은 물론 아이들에게도 좋은 선물이 되었으면 한다.

　끝으로, 이 책이 나오기까지 격려와 수고를 아끼지 않은 모든 분들에게 이 자리를 빌려 감사의 말을 전하고자 한다. 특히 상담을 진행하면서 자녀 지도의 어려움에 대해서 자세하게 이야기해준 학부모들을 비롯해 아이들을 지도하면서 수집한 다양한 자료와 유용한 정보를 제공해준 윤여홍 박사, 김경진 박사, 이혜주 박사에게 감사드린다. 아마 그들의 깊이 있는 분석과 열정, 통찰력이 없었다면 이 책이 빛을 보지 못했을 것이다.

　이 세상에 부모만큼 자신의 아이에 대해서 잘 알고 있는 사람은 없다. 하지만 어떤 부모도 아이의 속마음을 제대로 들여다보지 못한다.

　"존경받는 부모가 자녀의 경쟁력을 키운다."

　부디, 이 말을 명심하길 바란다.

- 뉴욕에서 조석희 드림

Contents

• • •

PART. 1
부모는
아이의
첫 번째 선생님

아이의 꿈과 목표는 직접 세우게 하라

노력의 중요성은 아무리 강조해도 지나치지 않다

공부 못하는 아이는 부모가 만든다

아이에게 성취하는 법을 반드시 가르쳐라

체크리스트

혹시 우리 아이가 학습 부진아?

　　■■■■　공부를 못하는 아이들의 경우 실패가 두려운 나머지 경쟁 자체를 아예 피해버리곤 한다. 나아가 이 과정에서 삶의 중요한 지혜와 기술을 습득할 기회마저 놓치고, 깊은 학습 부진에 빠지게 된다. 그 결과, 실패감은 증가하는 반면 자신감은 점점 줄어들게 된다. 문제는 이것이 아이들은 물론 부모를 무력감과 절망감에 빠지게 한다는 것이다. 아이들이 학습 부진에 빠지는 가장 큰 이유는 성취하는 방법을 배우지 못했기 때문이다. 그런 점에서 학습 부진아들은 공부를 못하는 방법을 배웠다고 할 수 있다.

아이의
꿈과 목표는
직접 세우게 하라

머리가 좋으면 공부를 잘 하고, 머리가 나쁘면 공부를 못한다고 생각하는 부모들이 아직도 꽤 있다. 하지만 머리가 좋은데도 불구하고, 공부를 못하는 아이들 역시 적지 않다. 과연 그 이유는 무엇일까.

학습태도가 나쁘거나 학습방법에 대해서 잘 모르기 때문이다. 또한 그런 아이들에게는 몇 가지 공통점이 있다.

첫째, 책상 앞에 오래 앉아 있지 못한다는 것이다. 따라서 꾸준히 공부를 할 수 없으니, 성적이 안 좋은 건 당연하다.

둘째, 책임감과 독립심 역시 부족하다. 이는 어려서부터 자율적인 생활을 하지 않았기 때문이다. 따라서 학년이 올라갈수록 공부를 못하게 되는 것은 어쩌면 당연한 일이다.

셋째, 뭔가를 할 때마다 꾸물거리기 일쑤다. 그러다보니 숙제를 깜빡 잊거나 교과서를 제대로 챙기지 못하는 일도 부기지수다.

넷째, 시시때때로 몽상에 잠겨 몇 번씩 불러야만 대답을 하며, 수업 시간에 창밖을 내다보거나 다른 아이와 잡담을 하기도 한다.

다섯째, 책을 읽을 때 역시 대충 읽고, 헤드폰을 끼고 노래를 들으며, 숙제를 하고서는 공부를 했다고 생각한다. 그러니 이를 지켜보는 부모의 마음은 답답하다 못해 울화통이 터지기 일쑤다.

어떤 아이들의 경우 숙제를 빨리 끝내는 데만 급급한 나머지 도대체 생각을 하면서 숙제를 했는지 의심스러울 때가 있다. 이는 숙제를 빨리 끝내고 노는 데만 정신이 팔려 있기 때문이다. 그런가 하면 친구들에게 따돌림을 당해 자주 울고, 투덜대며, 불평을 하는 아이도 있으며, 수시로 싸움을 거는 아이도 있다. 그런 아이들은 단체 활동과 운동에만 흥미를 보인다. 공부에는 전혀 관심이 없다. 간혹 특별한 과목이나 선생님에게 흥미를 보일 때도 있지만 대부분은 학교를 지겨운 곳이라고 생각한다.

공부는 열심히 하지 않지만 책은 열심히 읽는 아이들도 있다. 문제는 숙제를 해야 할 때 역시 숙제와 전혀 관계없는 책을 읽는다는 것이다. 책 외에도 텔레비전, 컴퓨터 게임, 스마트 폰 등을 도피처로 삼기도 한다.

또 구체적인 것은 잘 이해하지만, 추상적인 개념은 전혀 이해하지 못하는 아이들도 있다. 이는 논리적·분석적 사고능력이 부족하기 때문이다. 반면, 매우 창의적이고 비범한 아이들도 있다. 그런 아이들은 독특한 생각을 많이 한다. 하지만 그 생각을 제대로 마무리하지 못한다는 것이 단점이다. 시작만 해놓고 끝을 맺지 못하는 것이다.

　정도의 차이는 있지만 공부를 못하는 아이들은 무의식적으로 어른들을 제 마음대로 부리려고 한다. 이에 숙제나 공부를 좀 더 쉽게 하기 위해서 노골적으로 꾀를 쓴다. 부모가 자신의 숙제를 더 많이 도와주도록, 선생님이 숙제 마감일을 늦추도록 하기 위해서다. 나아가 학교 성적이 좋지 않거나, 열심히 하지 않는 것에 대해 수많은 변명으로 일관하곤 한다.

　그 결과, 어려서는 학교가 '싫어서 그만두고 싶은 곳'이라고 생각하며, 어느 정도 성장한 후에는 자신과 '상관없는 곳'이라고 생각하게 된다. 심지어 자신의 꿈이나 목표는 자신이 아닌 부모가 세운 것이라고 항변하기도 한다. 또한 부모가 자신과 형제자매를 불공정하게 비교하고 스트레스를 너무 심하게 주기 때문에 공부가 점점 더 하기 싫다고 불평하기도 한다. 그러면서 가족들이 자신에게 관심이 없거나 기대를 하지 않는다고 불평한다.

노력의 중요성은
아무리 강조해도
지나치지 않다

공부를 못하는 아이들은 '열심히 노력하면 좋은 결과를 얻는다'는 사실을 모르거나, 알고 있더라도 자기 통제력이 부족한 나머지 열심히 노력하지 않는 경우가 많다. 이에 '아무리 열심히 노력해도 목표를 달성할 수 없다'고 생각한다. 문제의 원인이 노력 부족임을 알면서도 애써 그것을 무시하려고 하는 것이다. 이는 끊임없이 노력해야 한다면 차라리 하지 않는 것이 편하다고 생각하기 때문이다.

목표를 너무 높게 정하거나, 너무 낮게 정해도 실패할 가능성이 높다. 공부를 못하는 아이들일수록 너무 막연한 목표를 설정하기 때문이다. 백만장자, 프로야구 선수, 최고 인기가수, 대통령 등이 바로 그것이다.

문제는 그런 목표를 이루기 위해서는 '꾸준히 노력해야 한다'는 것이다. 하지만 아이들은 애써 이 사실을 무시하곤 한다. 그저 '열심히'만 하면 아무리 목표가 높더라도 이룰 수 있다고 생각하기 때문이다. 이에 노력하지 않고, 즐겁게만 하다 보면 어느 날 갑자기 유명해지고 성공하는 줄 안다. '열심히' 한다는 것이 뭘 뜻하는지도 모르면서 말이다.

우리는 지금 엄청난 경쟁사회에 살고 있다. 이에 아이들은 학교를 다니는 동안 효율적으로 경쟁하는 법에 대해서 반드시 배울 필요가 있다.

하지만 공부를 못하는 아이들의 경우 실패가 두려운 나머지 경쟁 자체를 아예 피해버리곤 한다. 나아가 이 과정에서 삶의 중요한 지혜와 기술을 습득할 기회마저 놓치고, 깊은 학습 부진에 빠지게 된다. 그 결과, 실패감은 증가하는 반면 자신감은 점점 줄어들게 된다. 문제는 이것이 아이들은 물론 부모를 무력감과 절망감에 빠지게 한다는 것이다. 아이들의 현주소와 도달해야 할 목표의 차이가 너무 크기 때문이다. 그리고 이는 곧 문제를 영구화시킨다. 즉, 악순환이 시작되는 것이다.

공부 못하는
아이는
부모가 만든다

정상적인 지능과 잠재적 학습능력을 지니고 있음에도 불구하고, 학업 성취도가 떨어지는 아이들을 '학습 부진아'라고 한다. 하지만 학습 부진아라고 해서 모두 똑같은 특징을 보이는 것은 아니다. 어떤 아이는 매우 똑똑하고 열심히 하는가 하면, 일 자체에 의욕이 없는 아이도 있기 때문이다. 또 어떤 아이는 언제나 1등을 해야 한다고 생각하는 반면, 성적은 자신과 전혀 상관없다고 생각하는 아이도 있다. 나아가 여러 가지 특징이 혼합되어 나타나는 경우도 있다.

전형적인 학습 부진아의 유형은 대체로 다음과 같다.

완벽하지 않으면 실패라고 생각하는 아이

선생님이 글쓰기 과제를 내주자, 다른 아이들은 열심히 글을 쓰기 시작했다. 하지만 혜수는 20분이 지났는데도 제목조차 정하지 못했다. 결국 조바심이 난 혜수는 울먹이며 선생님을 향해 이렇게 말했다.

"선생님, 무엇에 대해 써야 할지 전혀 모르겠어요."

혜수의 말에 선생님은 갑자기 당황스러워졌다. 누구보다도 똑똑하고, 시험을 보면 항상 100점을 맞는 혜수가 왜 글쓰기에서는 주제도 정하지 못하고 쩔쩔매는지 의구심이 들었기 때문이다.

결국 선생님은 혜수에게 몇 가지 아이디어를 제시했다. 하지만 혜수는 여전히 눈물을 흘리며 아무것도 쓰지 못했다.

"완벽한 주제를 찾기 전에는 어떻게 글을 써야 할지 모르겠어요."

3학년인 혜수는 우등생이다. 이에 과제가 구체적이고, 답이 정해져 있는 문제에 대해서는 누구보다도 뛰어난 실력을 자랑한다. 하지만 추상적으로 생각해야 할 때, 추론에 기초를 두고 결론을 내려야 할 때, 자신의 생각을 밝혀야 할 때는 완전히 다르다. 실패가 두려워 시작조차 하지 못하는 경우가 많다.

결국 혜수의 성적과 자신감은 5학년이 되면서 점점 하락하기 시작했다. 1등으로 학교생활을 시작한 똑똑한 아이가 평범한 아이로 전락하고 만 것이다.

혜수의 방은 항상 깨끗하다. 그러다보니 겉으로 보기에는 아무 문제가 없어 보인다. 누가 봐도 완벽한 아이이기 때문이다. 하지만 청소년기에 들어서자 이상한 복수심이 생겨나기 시작했다. 분노와 섭식장애, 우울증이 나타난 것이다.

혜수는 완벽하지 않으면 곧 실패라고 생각했다. 이에 생활의 모든 부분을 완벽하게 통제하려고 했을 뿐만 아니라 자신의 능력으로는 도저히 이룰 수 없는 불가능한 목표를 세웠다. 그러다보니 무력감에 빠지는 날이 많아졌다.

항상 수동적이고 소극적인 아이

오늘도 동하는 책상 앞에 구부정하게 앉아 계속 하품을 하며 딴 생각에 빠져 있다. 그러다보니 과제를 거의 끝낸 적이 없을 뿐만 아니라 끝냈다고 하더라도 제대로 한 경우가 없다. 수업시간에 가끔씩 손을 들긴 하지만 선생님의 질문에 대답하기 위해서 드는 것이 아니다. 이에 간혹 선생님이 질문이라도 하면 "잘 모르겠는데요", "글쎄요", "이해하지 못했어요", "잊어버렸는데요" 등과 같은 반응을 보인다.

동하는 숙제를 하지 않는다. 하지만 전혀 걱정하지 않는다.

오늘도 동하는 텔레비전 앞에 앉아 있다. 엄마가 숙제를 하라고 해도 미동조차 하지 않는다. 엄마의 목소리가 방 안을 울리면 아예 눈을 감아버린다. 그러다가 엄마의 목소리가 날카롭게 찢어지면, 그제야 듣지 못했다고 사과하며 뭘 하라는 것인지 되묻곤 한다. 이에 엄마가 숙제를 하라고 하면 다 했다고 거짓말을 하고, 아빠는 엄마를 향해 동하를 그냥 내버려두라고 한다.

몸이 자주 아픈 아이

지수는 몸이 자주 아프다. 이에 학교에 결석하는 날이 잦다. 오늘도 몸이 아픈 나머지 오전 내내 누워서 시간을 보냈다. 그런 지수를 보면서 엄마는 '아프지만 않으면 분명히 우등생일 텐데'라며 몹시 아쉬워한다. 반면, 지수는 자주 결석을 하기 때문에 학습 진도를 따라가는 일이 얼마나 어려운지 엄마가 알아줬으면 한다.

"엄마, 선생님은 정말 불공평해요. 내가 아파서 학교에 가지 못했는데, 배우지 않은 것도 잘해야 한다고 생각하잖아요."

그러자 엄마는 지수의 말에 공감하며 담임 선생님께 이야기해보겠다고 한다.

오후 2시 즈음, 전화벨이 울렸다. 지수 담임 선생님이다. 지수가 자주 결석하는 것이 걱정되어 전화를 한 것이다. 그러자 엄마는 지수가 아픈 것에 대해서 일장광설을 늘어놓는다. 하지만 선생님은 지수가 아픈 것은 다분히 신경성이며, 스트레스가 원인이라고 말한다.

이에 엄마는 지수가 스트레스를 받는 이유에 대해서 선생님께 묻는다. 지수는 그 옆에서 자신이 좋아하는 텔레비전 프로그램을 보면서 엄마의 통화에 귀를 기울이고 있다.

"여보세요, 선생님!"

잠시 후 엄마가 갑자기 소리를 친다.

"선생님이 숙제를 그렇게 많이 내주지 않으면 우리 지수는 더 건강할 거예요."

하지만, 한편으로는 지수가 아픈 것이 정말인지 의심이 들기 시작한다.

친구들로부터 따돌림을 당하는 아이

태영이가 운동장에서 축구를 하고 있는 친구들을 향해 말을 건다. 그러나 친구들은 태영이를 거들떠보지도 않는다. 이에 화가 난 태영이는 곧 자리를 뜨고 만다.

태영이는 '남자답다'는 것에 대해서 생각해본 적이 거의 없다. 남자애들이 계속 자신을 괴롭히기 때문이다. 그 결과, 친구가 없다. 그렇다고 친구를 원하는 것도 아니다. 학교 수업이 끝난 후 엄마와 함께 자신을 괴롭히는 아이들에 대해서 불평을 늘어놓는 것이 유일한 취미다. 이에 엄마는 선생님께 태영이에게 좀 더 관심을 가져줄 것을 부탁했다.

하지만 태영이에게는 또 다른 문제가 있다. 학교에서 해야 할 과제를 매번 끝내지 못하는 것이다. 선생님이 과제를 내줄 때마다 게으름을 피우며, 몽상에 잠기기 때문이다. 이에 집에까지 과제를 가져와 엄마에게 도움을 청하곤 한다. 어떻게든 혼자 해보려고도 했지만 엄마의 도움 없이는 어떻게 해야 할지 모른다. 그래서 엄마가 집에 없을 때는 과제를 시작조차 하지 않는다.

이렇듯 태영이는 항상 누군가의 도움이 필요하다. 집에서는 엄마가 무엇을 해야 할지 말해주며, 학교에서는 큰누나가 짓궂은 아이들로부터 자신을 보호해준다.

그렇다면 아이들은 왜 태영이를 괴롭히는 것일까. 그리고 태영이는 왜 스스로 아무것도 할 수 없을까.

얼마 후 태영이는 엄마의 권유로 컴퓨터를 배우기 시작했다. 태영이는 컴퓨터가 좋다. 자판을 두드리는 일은 다른 사람과의 대화가 필요 없을 뿐만 아니라 자신이 예상한대로 반응하기 때문이다.

그때부터 태영이는 컴퓨터에 푹 빠지고 말았다. 컴퓨터에 관한 한 태영이는 영웅이다. 그러나 컴퓨터와 관련 없는 과제는 여전히 미완성이다.

자신이 좋아하는 일만 열심히 하는 아이

축구팀 주장 주형이, 합주단 바이올린 독주자 혜영이, 학생회 회장 재원이에게는 공통점이 있다. 경쟁적인 활동에서 뛰어난 실력을 보이고, 멋진 외모를 지녔으며, 누구보다도 사교적이라는 것이다. 특히 고등학교 때는 축구팀, 합주단, 학생회 활동에서 두각을 보여 공로상을 수상하기도 했다. 이에 겉으로 보면 뛰어난 리더로서 성공을 향해 질주하고 있는 것처럼 보인다.

그런데 그런 그들이 왜 학습 부진아가 되었을까.

한때 자신이 속한 그룹과 가족에게 있어 큰 자랑거리였던 그들은 고등학교 시절 이미 삶의 최고점에 도달했다고 볼 수 있다. 그러나 그것이 바로 문제였다. '이길 수 있는 활동'에만 열심히 참여했기 때문이다. '이길 수 없는 활동'은 거들떠보지도 않았다. 때문에 1등이 될 수 없었던 공부는 그들과 거리가 멀었고, 자연스럽게 학습 부진아가 될 수밖에 없었다.

어른들을 속이며 가지고 노는 아이

수희는 마음이 따뜻하고 여린 아이다. 하지만 좋지 않은 버릇이 하나 있다. 바로 엄마 아빠를 아이 다루듯 가지고 논다는 것이다.

문제는 수희보다 수희 엄마 아빠에게 있다. 자신들이 수희를 망치고 있다는 사실을 모르고 있기 때문이다.

수희는 어린 시절부터 장난감과 옷이 항상 많았다. 또 자신이 뭔가를 원하면 엄마 아빠는 한 번도 '안 돼!'라고 말한 적이 없다. 그러다 보니 날이 갈수록 소유욕이 점점 커져갔다.

사실 수희에게는 공부보다 훨씬 더 중요한 것이 있다. 바로 친구다. 이에 끊임없이 재잘거리며 친구들 사이를 헤집고 다닌다. 하지만 말솜씨가 좋고 세련된 외모를 가졌음에도 불구하고, 친구관계가 항상 불안하기 그지없다. 친구들이 항상 그녀를 피하기 때문이다.

그런 수희를 보며 선생님은 왜 그렇게 불안해하는지 그 이유가 몹시 궁금하다. 하지만 엄마 아빠의 생각은 다르다.

엄마는 수희가 불안해 하는 이유를 다른 친구들이 질투하기 때문이라고 생각하며, 아빠는 학교가 너무 많은 것을 시키기 때문이라고 생각한다.

모든 일에 창의적이어야만 하는 아이

"아, 짜증나. 선생님은 왜 이렇게 쉬운 숙제만 계속 내주는 거야."

기재는 오늘도 선생님이 내준 숙제 때문에 화를 내고 말았다. 하지만 선생님에게는 그럴만한 이유가 있다.

선생님은 기재의 성격상 나중에 문제아가 될 수도 있다고 생각한다. 이에 기재를 바쁘게 만들기로 하고 많은 숙제를 내주는 것이다. 하지만 기재는 계속해서 거드름을 피우며 숙제를 할 수 없는 이유에 대해서 생각한다. 또한 학교에서 해야 할 과제를 집으로 가져올 뿐만 아니라 엄마에게 선생님을 설득해달라며 무작정 조르기 일쑤다.

문제는 엄마다. 무조건 기재를 옹호하고, 선생님을 나쁘다고 생각하기 때문이다.

이렇듯 기재나 기재 엄마는 학문적인 도전에 관심을 두기보다 어려운 과제로부터 벗어나는데 초점을 맞추고 있다.

사실 기재는 책 읽는 것을 좋아한다. 이에 끊임없이 책을 읽는데, 문제는 심부름을 해야 할 때조차 책을 읽는다는 것이다. 수업시간에도 무릎 사이에 책을 끼워 놓은 채 선생님 몰래 책을 읽곤 한다.

한 번은 국어시간에 선생님이 1년 동안 8권의 책을 읽은 후 독후감을 써오라는 과제를 내준 적이 있다. 하지만 기재는 30권이 넘는 책을 읽었음에도 불구하고, 단 한 편의 독후감도 쓰지 못했다. 이에 엄마 역시 그 이유가 몹시 궁금했다.

"기재야, 왜 그렇게 많은 책을 읽고도 독후감을 쓰지 못하는 거니?"

"뻔한 것을 쓰느라고 소중한 시간을 낭비할 순 없잖아요. 또한 선생님은 이미 제가 책을 읽었다는 사실을 알고 있어요. 그런데 책을 읽었다는 증명서까지 제출할 필요는 없잖아요."

이후 6학년이 된 기재는 선생님과 심한 언쟁을 벌이고 말았다. 숙제를 하지 않으려고 했기 때문이다. 이에 선생님은 "그러면 성적이 나빠질 것"이라고 했고, 기재는 "저는 무엇이든 잘 하며, 성적 역시 매우 좋다"며 반박했다.

사실 기재의 경우 학교 교육에 적응하기에는 지나치게 똑똑하고 창의적인 편이다. 특히 독서를 많이 한 덕분에 시와 단편소설까지 쓸 정도로 뛰어난 능력을 지녔다. 또한 말솜씨가 좋아 토론 역시 잘 하며 만화도 잘 그린다. 하지만 한 가지 문제가 있다. 모든 일에서 창의적이어야만 한다고 생각하는 것이다.

항상 반항하는 아이

오늘도 가영이는 방문을 굳게 잠갔다. 엄마 아빠로부터 꾸지람이나 질책, 비난 등을 듣기 싫기 때문이다. 이에 스마트폰이나 TV 등을 상대로 엄마 아빠에 대한 화풀이를 하곤 한다. 그러다보니 이유 없이 우울하고 외로움을 느낄 때가 많다.

가영이는 자신이 뭘 좋아하는지는 모르지만, 뭘 싫어하는지는 확실히 알고 있다. 또한 대학 진학에는 처음부터 관심도 없었다.

학교 성적은 '매우 잘함'과 '매우 못함' 사이를 왔다갔다 한다. 예를 들면, 좋아하는 선생님의 과목은 성적이 매우 좋지만 그렇지 않은 선생님의 과목은 성적이 바닥을 긴다.

"수학 선생님과는 사이가 좋지 않아요. 선생님이 저를 좋아하지 않거든요."

이에 "써먹지도 못할 수학 문제를 왜 풀어야 하느냐?"며 선생님에게 반항한 적도 있다. 그래서 수학에는 전혀 흥미가 없다. 문제는 싫어하는 선생님이 갈수록 늘고 있다는 것이다.

무조건 화부터 내는 아이

준호는 불같은 성격을 갖고 있다. 뿐만 아니라 두 살 때부터 가족들을 괴롭히며, 자신이 원하는 것을 얻어내는 방법을 스스로 터득했다. 바닥에 드러누워 마구 버둥대거나 얼굴이 새파랗게 질릴 때까지 숨을 참으면 된다. 그렇게만 하면 모든 것이 뜻대로 되었다. 그러자 아빠는 엄마가 아이를 망쳐놓았다며 여러 차례 화를 내기도 했다. 하지만 엄마의 생각은 다르다. 아빠가 준호를 너무 심하게 대한다며, 아빠가 준호를 이해해줘야 한다고 생각한다. 이에 아빠는 엄마의 말대로 해보기 위해 노력하기도 했지만 모든 것이 허사였다. 준호가 7살이 되면서 더 강력한 방법을 쓰기 시작했기 때문이다.

처음에는 베개를 집어 던지더니 나중에는 접시나 꽃병처럼 깨지기 쉬운 것들을 집어 던지기 시작했다. 그러면 엄마 아빠는 자신이 무척 화가 났음을 금방 알아차렸고, 모든 부탁을 들어주었다.

현재 준호에게 지겨운 수학 공부를 하라고 하는 사람은 아무도 없다. 당연히 성적은 점점 나빠지고 있다.

준호는 친구가 없다. 날마다 아이들과 싸우기 일쑤고, 아이들이 자기가 하라는 대로 하지 않으면 무조건 화부터 낸다. 야구를 할 때도 스트라이크 아웃이 되면 방망이를 집어던지기 일쑤다. 이에 아이들은 준호를 악동이라고 부르며 친해지려고 하지 않는다.

학원과 과외공부에 시달리는 아이

태윤이는 부잣집 외아들로 어려서부터 수많은 학원을 전전해야 했다. 선생님들은 그런 태윤이를 가리켜 '착하고, 열심히 하는 아이'라고 말한다.

사실 태윤이는 힘들고 고된 생활에 잘 적응하는 편이다. 그러다보니 초등학교 2학년 때까지는 과외와 학원 공부를 별 무리 없이 진행했다. 그러나 3학년이 되면서 사정이 달라졌다. 과외 공부가 갑자기 하기 싫어진 것이다. 이에 엄마에게 자신의 생각을 말했지만, 엄마는 그의 의견을 가볍게 무시하고 말았다.

그러던 어느 날, 결국 문제가 발생하고 말았다. 밤늦게까지 태윤이가 집에 돌아오지 않은 것이다. 온 가족이 찾아 나섰지만 어디에서도 태윤이를 찾을 수 없었다. 그런데 다음날 아침, 근처 중학교에서 연락이 왔다. 그 학교 교사가 운동기구 보관 창고에서 잠들어 있는 태윤이를 발견한 것이다. 과외가 싫어서 집에 가기가 싫었다는 태윤이에게 부모는 더 이상 무엇도 강요할 수 없었다.

이렇듯 학습 부진아의 유형은 매우 다양하다. 하지만 이와 같은 습관이나 행동을 보인다고 해서 모두 문제가 되는 것은 아니다. 공부를 잘하고 활달한 아이들 역시 학습 부진아의 특성을 보일 수 있기 때문이다. 때문에 심한 경우가 아니라면 크게 문제 삼지 않는 것이 좋다.

그렇다면 학습 부진은 과연 무엇이고, 그 원인은 무엇일까. 중요한 것은 학습 부진은 유전이 아니라는 것이다.

사실 아이들이 제 능력을 제대로 발휘하지 못하는 것에 대해 신경학적·생물학적으로 설명하는 것은 결코 쉬운 일이 아니다. 그렇다고 학습 부진의 원인을 교육제도에서 찾는 것 역시 무리가 있다. 왜냐하면 같은 교실 안에서도 능력은 비슷하지만 공부를 잘하는 아이가 있는 반면, 능력이 부족함에도 공부를 잘하는 아이가 있기 때문이다.

아이들이 학습 부진에 빠지는 가장 큰 이유는 성취하는 방법을 배우지 못했기 때문이다. 그런 점에서 학습 부진아들은 공부를 못하는 방법을 배웠다고 할 수 있다.

아이에게
성취하는 법을
반드시 가르쳐라

부모와 선생님이 반드시 해야 할 일

만일 아이가 학습 부진에 빠지게 되면 부모와 선생님은 특단의 조치를 취해야만 한다. 왜 갑자기 아이의 성적이 떨어졌는지 그 이유를 알면 의외로 쉽게 문제를 해결할 수 있기 때문이다.

그 방법은 대략 다음과 같다.

첫째, 아이가 어떤 유형의 학습 부진아인지 확인한다.
둘째, 학습 부진을 초래하는 환경적 원인을 찾는다.
셋째, 학습 부진 현상을 극복할 수 있는 특단의 조취를 취한다.

학습 부진의 유형과 그 원인을 찾아내는 것은 의외로 쉽다. 그러나 그 원인을 없애려면 치밀한 계획과 함께 끈기를 갖고 꾸준히 실천해야 한다.

학습 부진의 특징 역시 아이마다 다르다. 하지만 몇 가지 전형적인 유형이 있다. 또한 하나의 유형이 한 아이에게만 나타나는 것도 아니다. 대부분 복합적으로 나타나게 된다.

간혹 학창시절 평범했던 아이들이 명문대 학생이 되거나 뛰어난 전문가가 되어 나타나는 경우가 있다. 이른 바 '대기만성('큰 그릇이 만들어지는 데는 시일이 많이 걸린다는 뜻으로, 큰 인물은 늦게야 두각을 나타내어 성공한다'는 말)형' 인물들이 바로 그들이다. 그럴 때마다 주위 사람들은 '능력도, 의욕도 없었던 아이가 어떻게 저렇게 변하게 되었는지' 그 이유를 몹시 궁금해 하곤 한다.

하지만 그 이유야 어찌 되었건 그들이야말로 학습 부진아를 격려하는 가장 좋은 역할모델이라고 할 수 있다. 똑같은 경험을 한 그들의 도움을 통해 학습 부진을 해결할 수 있기 때문이다.

사실 학습 부진아들은 작은 성취만으로도 자신감을 갖게 된다. 이에 그들을 잘 이해하고 도와주는 것만으로도 충분히 성취 의욕을 높일 수 있다.

중요한 것은 부모와 선생님이 어떻게 하느냐이다. 이에 부모와 선생님은 아이의 학습 부진의 원인을 파악하고 이를 해결하기 위해 아이를 적극 도울 필요가 있다. 물론 거기에는 수많은 시간과 노력이 필요하다.

- 학습 부진아 체크리스트

만일 아이가 학습 부진아인지 의심스럽다면 가장 최근에 선생님과 가졌던 면담을 떠올리며, 아이가 보인 행동에 대해서 주의 깊게 생각해볼 필요가 있다.

다음 질문에 '예'라는 대답이 나올 경우 1점을 준다. 그리고 그 점수의 총합을 통해 아이의 학습 부진 정도를 알 수 있다.

① 아이가 숙제하는 것을 자주 잊어버리지는 않는가?

② 아이가 무슨 일이건 쉽게 포기하지는 않는가?

③ 아이가 이길 수 있다는 확신이 없을 경우 경쟁적인 활동을 피하려고 하지는 않는가?

④ 아이가 매일 밤늦게까지 숙제를 하지는 않는가?

⑤ 아이가 주중에 하루 두 시간 이상 TV(혹은 컴퓨터 게임)를 보지는 않는가?

4~5점 : 매우 심각한 수준의 학습 부진 상태

2~3점 : 심각한 수준의 학습 부진 상태

1점 : 그다지 걱정하지 않아도 됨

0점 : 전혀 문제가 없음

PART. 2
공부습관만 잘 들이면
'공부하라'는
말이 필요 없다

가정환경이 아이의 성적을 결정한다

과잉보호는 아이를 불행하게 만든다/ 필요 이상의 도움

은 아이의 자립심을 헤친다/ 아이들 각자의 특성을 인정

하고 존중하라/ 가장 좋은 가정교육은 부모가 서로 존중

하고 사랑하는 것/ 칭찬도 지나치면 독이 될 수 있다 …

체크리스트

혹시 우리 아이가 학습 부진아?

■■■■　부모는 자신의 삶과 목표를 희생하면서까지 아이를 위해 자신의 모든 것을 바치고자 한다. 즉, 자신의 성공 척도를 아이에게 두는 것이다. 그렇게 되면 처음에는 서로 도움이 되기 때문에 아이가 기대한 것보다 훨씬 더 발전할 수 있다. 문제는 그 다음이다. 이에 만족감을 느낀 부모가 더 많은 것을 해주려고 하기 때문이다. 그러다 보니 지나칠 정도로 집착하는 관계로 굳어지게 된다.

가정환경이
아이의 성적을
결정한다

학습 부진아들은 아주 어렸을 때부터 공부에 방해가 되는 좋지 않은 습관을 배우기 시작한다. 즉, 학교에 들어가서 나쁜 습관을 배우는 것이 아니다. 그런 의미에서 아이들의 첫 번째 선생님은 영아기 및 유아기를 함께 보낸 부모 및 조부모, 형제자매라고 할 수 있다. 하지만 이때는 공부에 방해가 되는 행동을 보여도 그리 큰 문제가 되지 않는다.

공부를 못하게 만드는 나쁜 습관은 때때로 아이가 특별 취급을 받는 환경 때문에 형성되기도 한다. 또 이와는 반대로 전혀 특별하게 취급하지 않는 환경 때문에 형성되기도 한다.

특별한 환경에서는 형제 중 오직 한 명만이 부모의 애정을 받게 된다. 반대로 일반적인 환경에서는 모든 자녀가 똑같은 정도의 애정을 받을 필요가 없음에도 불구하고, 모두가 똑같은 애정을 받게 된다. 그렇다면 아이가 공부를 못하게 되는 가장 큰 이유는 과연 뭘까.

우리의 연구 결과, 엄마 아빠로부터 지나칠 정도로 많은 사랑을 받는 아이, 병약한 아이, 형제관계가 복잡한 아이, 지배적이거나 비협조적인 아빠 때문에 부모가 서로 존중하지 않는 가정의 아이, 지나치게 머리가 좋은 아이의 경우 공부에 소홀한 나머지 공부를 못하게 될 가능성이 높은 것으로 나타났다.

과잉보호는 아이를 불행하게 만든다

부모의 과도한 사랑 자체는 아이에게 전혀 해롭지 않다. 문제는 과도한 배려다. 이는 아이로 하여금 공부를 못하게 만들거나 정서적인 문제를 일으킬 수 있기 때문이다.

우리 속담에 "미운 아이에게 떡 하나 더 주고, 예쁜 아이에게 매 한 대 더 때린다"는 말이 있다. 아이가 귀하고 사랑스러울수록 더 냉정하게 가르쳐야 한다는 뜻이다. 하지만 요즘 아이들은 과잉보호를 받는데 매우 익숙하다.

다음은 공부를 못하는 아이를 둔 부모들과 전화상담을 했던 내용이다. 이를 통해 과잉보호가 아이에게 얼마나 나쁜 영향을 미치는지 알 수 있다.

저희 부부는 결혼 후 오랫동안 아이를 기다렸어요. 그러다가 3번의 유산 끝에 매우 힘들게 진우를 낳았죠. 그래서 진우가 건강하다는 것만으로도 얼마나 감사했는지 모릅니다. 특히 진우는 집안의 첫 손자

이자 조카였기 때문에 할아버지와 할머니는 물론 이모와 삼촌들로부
터 귀여움을 독차지했어요.

저는 우리 희원이가 행복하기를 진심으로 원했어요. 이에 갓난아기였
을 때부터 엉덩이가 짓무르지 않도록 기저귀가 젖기 전에 갈아주는
등 모든 신경을 쏟았어요. 엄마라는 사실에 전 너무나 행복했답니다.
그래서 다니던 직장도 그만두고 오로지 희원이를 위해 제 모든 것을
바쳤어요.

경수는 어렸을 때부터 잠을 잘자지 못했어요. 그래서 우리 부부는 번
갈아가면서 경수를 팔에 안은 채 잠들 때까지 흔들어주었어요. 또한
엄마 아빠가 없으면 너무 울어댔기 때문에 다른 사람에게 맡기지도
못했지요. 그래서인지 경수는 저희가 얼마나 사랑하는지 아는 것처럼
행동했어요.

영아기 아이들의 지능계발에 대한 책을 읽은 후 민철이의 능력을 키
워줘야겠다고 결심했어요. 그래서 놀이터에 함께 가서 놀며 장난감
을 어떻게 갖고 노는지 설명해주었지요. 절대로 혼자 놀게 두지 않았
어요.

동수는 조산아로 태어나 인큐베이터에서 4주를 보냈어요. 그 후 동수
가 집에 돌아왔을 때, 저는 앞으로 동수를 돌보는 데 전념하기로 마음
먹었어요. 그때부터 저는 동수가 불편해 하기 전에 알아서 모든 욕구

를 해결해줬어요.

남편과 저는 아주 힘든 어린 시절을 보냈어요. 가난한 데다 형제자매 역시 많아서 물질적·애정적 욕구를 충족시키지 못했지요. 그래서 수정이를 낳았을 때 수정이만큼은 아무것도 부족함 없이 키워야겠다고 결심했어요.

이처럼 굳이 노력하지 않아도 자신이 원하는 것을 뭐든지 가질 수 있을 경우, 아이들은 자발적으로 뭔가를 할 필요성을 전혀 느끼지 못하게 된다. 그러니 공부 역시 열심히 할 이유가 없다.

흔히 부모는 아이의 성공을 자신의 개인적인 성취와 연결시키곤 한다. 이에 아이에게 지나칠 정도로 높은 기대를 갖고 과도한 투자를 하게 된다. 과연 그렇게 하면 아이가 부모의 기대만큼 잘 성장할 수 있을까.

그렇지 않다. 부모의 도움을 받는 어린 시절에는 공부도 어느 정도 잘하고 똑똑해 보일 수도 있다. 하지만 성장 후가 문제다. 자신의 능력에 대해 스스로 자신감을 갖지 못하기 때문에 어떤 일도 제대로 할 수 없기 때문이다.

어떤 부모들의 경우, 아이가 지식과 지혜를 채 갖추기도 전에 부모를 좌지우지할 수 있는 주도권과 힘을 넘겨주는 경우가 있다. 이렇게 되면 아이는 자신의 요구를 들어줄 사람들에 대한 설득 방법을 아주 빨리 배우게 된다. 아울러 욕구는 즉각적으로 만족되어야 하며, 어른들로부터 계속해서 관심을 받아야 한다고 생각한다.

하지만 여기에는 단점이 있다. 어린 시절에 반드시 경험해야 할 과정, 즉 도전을 받고 성취를 위해 열심히 노력하는 과정을 전혀 경험할 수 없다는 것이다.

필요 이상의 도움은 아이의 자립심을 헤친다

아이에게 타고난 신체적·정신적 장애가 있을 경우, 대부분의 부모들은 아이의 요구를 너무도 당연한 것으로 생각하는 경향이 있다. 이에 그것을 해결해주고자 많은 부분에서 자신을 희생하곤 한다. 즉, 모든 것을 아이에게 바치고, 자신의 존재 이유 역시 아이의 고통을 덜어주거나, 아이의 잠재력을 계발시키는 데 있다고 생각한다. 그 결과, 부모와 아이는 매우 *끈끈한* 관계를 형성하게 된다.

하지만 여기에도 단점이 있다. 아이로 하여금 '스스로 해낼 수 있다'는 생각을 전혀 갖게 할 수 없다는 것이다. 즉, 아이의 자립심과 자신감 발달에 역행하는 것이다.

미영이는 4살 때까지 12번이나 병원에 입원했어요. 5번째 수술을 하고 나서 겨우 걸을 수 있게 되었죠. 하지만 그 후에도 2번이나 폐렴에 걸렸고, 편도선 수술 역시 해야 했어요. 무엇 하나 쉬운 것이 없었지요. 그때마다 저는 이러다가 아이를 잃을지도 모른다는 생각에 얼마나 울었는지 몰라요. 이에 다른 아이들은 남편과 이모에게 맡긴 채 하루 종일 미영이 곁에 붙어 있었어요. 또 미영이가 죽음의 문턱을 넘나들 때마다 그 고통을 똑같이 겪으면서 병원 의자에서 밤을 꼬박 지새워야 했지요. 다행히 미영이는 건강을 회복했어요. 저는 그런 미영이를 보면서 '이제까지의 노력이 결코 헛되지 않았구나'라고 생각해요. 앞으로 미영이가 학교와 사회생활에 잘 적응할 수 있기를 바랄 뿐이에요.

의사 선생님으로부터 아이가 '다운증후군'이라는 말을 듣고 얼마나 절망했는지 몰라요. 그때부터 저와 남편은 아이를 치료하기 위해서 여러 병원을 찾아다녔어요. 그리고 오랜 고민 끝에 아이를 가정에서 키우는 것이 가장 좋겠다는 결론을 내렸어요. 그때 저는 아이를 보면서 다른 아이에게 해줄 수 있는 것만큼은 다 해주겠다고 결심했어요.

수형이는 음식 알레르기가 심해서 갓 났을 때부터 식이요법을 해야했어요. 하지만 먹을 수 있는 게 거의 없었기 때문에 2살 반이 될 때까지 오로지 모유만으로 키워야했어요. 그러다가 3살 즈음에는 천식 증상을 보이기 시작했어요. 저는 밤낮으로 수형이와 함께 지내며 열심히 간호했어요. 하지만 남편은 저의 양육 태도를 못마땅해 했어요. 수형이가 너무 의존적인데다 응석받이로 자란다면서 말이죠. 하지만 저는 지금 제 역할에 매우 만족하고 있어요. 수형이 역시 저를 필요로 하고 있고요.

위 사례에서 볼 수 있듯, 부모는 아이의 비정상적인 생리적·심리적 요구에 완벽하게 반응하고자 한다.

부모는 자신의 삶과 목표를 희생하면서까지 아이를 위해 자신의 모든 것을 바치고자 한다. 즉, 자신의 성공 척도를 아이에게 두는 것이다.

그렇게 되면 처음에는 서로 도움이 되기 때문에 아이가 기대한 것보다 훨씬 더 발전할 수 있다. 문제는 그 다음이다. 이에 만족감을 느낀 부모가 더 많은 것을 해주려고 하기 때문이다. 그러다보니 지나칠 정도로 집착하는 관계로 굳어지게 된다.

이렇듯 아이는 초등학교에 입학하기 전까지 부모의 희생을 통해 만들어진다. 하지만 거기에도 어느 정도 선이 있어야 한다.

저학년 또는 신체적·정신적 장애가 있는 아이의 요구가 어느 정도 합리적인 수준이라면 부모가 계속 희생하는 한이 있더라도 받아주는 것이 좋다. 그러나 그렇지 않은 아이가 비합리적인 요구를 계속 할 경우에는 가능한 한 빨리 의존적인 습관에서 벗어나게 해야 한다. 그렇지 않으면 병적인 기생관계가 굳어져 영원히 고치지 못할 수도 있기 때문이다. 부모는 과도한 책임에 지치고, 아이는 끝도 없이 요구하고 반항하며, 더 이상 다루기 어려운 존재로 바뀌게 되는 것이다. 또한 아이 때문에 자신의 삶을 잃어버린 부모는 점차 자신이 불행하다는 생각에 빠질 수도 있다. 그리고 그제야 아이의 자립심을 키워줘야 했음을 깨닫고 뒤늦은 후회를 하게 된다.

아이들 각자의 특성을 인정하고 존중하라

형제관계가 복잡한 아이들 역시 공부를 못할 가능성이 높다. 선천적으로 강한 경쟁심 때문에 형제자매 중 어느 한쪽이 불리하게 되는 경우가 바로 여기에 해당한다. 따라서 형제자매 사이의 경쟁을 줄이거나 아이들이 쓸데없는 경쟁심을 갖지 않도록 도와줄 필요가 있다.

형제관계가 복잡한 경우란 연년생이거나 쌍둥이일 때, 형제자매 중 동성의 영재가 있을 때, 아이를 상대적으로 더 어리게 취급하는 대가족일 때, 형제자매가 심각한 신체적·정신적 장애를 갖고 있을 때 등을 말한다.

저희 아이들은 11개월 차이 밖에 나지 않아요. 그래서 똑같이 주고, 똑같이 책임을 지도록 키웠어요. 방과 장난감을 함께 쓰게 하고, 옷 역시 같이 입게 했어요. 그런데 언제부터인가 둘째가 "엄마 아빠는 항상 형만 좋아한다"며 불평을 하기 시작했어요.

터울이 거의 없고, 동성인 형제자매의 경우 모두 경쟁적인 압력을 받기 쉽다.

대부분의 부모는 형제자매가 똑같은 행동을 하리라고 생각한다. 하지만 동생의 경우 언니나 형을 무조건 따라야 한다는 스트레스를 받을 뿐만 아니라 자신은 늘 언니나 형보다 못한다고 느끼게 된다. 이는 언니나 형 역시 마찬가지다. 특별한 혜택을 받지 못하기 때문에 불만이 매우 많다. 따라서 부모는 아이들 각자의 관심사와 능력이 다르다는 점을 인정할 필요가 있다. 그리고 나이에 맞게 모든 일을 배려해야 한다. 그러면 아이들 역시 서로 경쟁해야 한다는 생각을 떨쳐 버릴 수 있다.

저희 큰딸은 모두가 부러워하는 영재예요. 협동심이 강하고, 명랑하며, 공부도 아주 잘해요. 아들 역시 머리가 좋아요. 하지만 저희는 아들에게 특별히 공부를 강요하지 않아요. 그래서인지 아들은 뭐든지 대충대충 하려고 할 뿐만 아니라 몹시 부주의해요.

큰 아이의 재능이 뛰어날 경우 부모는 그 아이에게 더 많은 관심을 갖게 마련이다. 이에 옆에서 이를 지켜본 동생들은 부모에게 인정을 받으려면 형이나 언니와 비슷한 성취를 해야 한다고 생각하게 된다. 하지만 그것이 어려울 경우 다른 방향으로 행동을 하곤 한다. 예를 들면, 언니나 형이 공부는 잘하지만 사회성이 부족할 경우 사람들과 잘 어울림으로써 언니나 형과 경쟁하려고 한다. 하지만 가족으로부터 인정받기란 결코 쉽지 않다. 때문에 관심을 받기 위해 일부러 실패를 하거나 문제를 일으키기도 한다. 비록 방법은 좋지 않지만 가족의 관심을 끄는 데 있어 매우 효과적이라고 생각하기 때문이다.

저희 큰아이는 과학에 빠져 항상 혼자서 지내요. 반면, 막내는 읽기도 잘하고, 음악도 잘하는 등 매우 성실해요. 문제는 둘째예요. 친구들에게 푹 빠진 나머지 공부는 항상 뒷전이거든요. 학교 공부가 얼마나 중요한지 아무리 강조해도 매일 친구들과 어울리거나 전화를 붙들고 앉아 있을 뿐 전혀 공부를 하지 않아요.

부모는 아이들 각자의 특성을 존중해줘야 한다. 이에 항상 아이들에게 잘 하고 있다며 끊임없이 격려할 필요가 있다. 나아가 가족끼리 꾸준한 대화를 통해 혹시 있을지도 모를 오해의 소지를 없애야 한다.

예를 들면, 막내가 첫째에 이어 두 번째로 높은 성취를 한다는 연구 결과가 있다. 이에 막내를 '아기'라고 불러선 절대 안 된다. 과잉보호의 시작이기 때문이다. 막내를 너무 버릇없이 키우면 과잉보호를 받는 아이와 전혀 다를 바 없다.

한편, 형제자매 사이에 나이 차이가 너무 많이 날 경우 큰아이가 동생을 위해서 많은 것을 대신해주는 경우가 있다. 하지만 이는 동생의 아이디어나 행동 발달을 저해할 수 있다. 동생이 형이나 언니의 긍정적인 피드백에 의존하게 된 나머지 책임을 지거나 모험을 하려는 행동을 하지 않으려고 하기 때문이다. 나아가 노력해서 성취하기보다는 주위 사람들로부터 도움을 받는 것이 더 쉽다고 생각한 나머지 전혀 노력을 하지 않게 된다.

스스로 도전하거나 모험을 하지 않으면 자신감은 결코 생기지 않는다. 이는 곧 스스로 공부를 하지 않으려는 습관을 낳게 되고, 공부를 못하는 아이로 만들게 된다.

가장 좋은 가정교육은 부모가 서로 존중하고 사랑하는 것

아이가 어렸을 때 부모가 이혼을 하거나 아빠가 외도를 할 경우, 엄마는 자녀와 매우 밀접한 관계를 형성하게 된다. 이에 아이가 원하는 것은 무엇이든 들어주려고 한다. 하지만 이는 아이의 자립심을 빼앗고, 아이로 하여금 공부를 못하게 만드는 원인이 된다.

조부모가 아이를 양육하는 가정 역시 아이가 공부를 못할 가능성이 높다. 조부모의 경우 아이를 과잉보호하는 경향이 많기 때문이다. 이에 부모보다 더 많은 관심을 기울이고, 더 많은 일을 대신해주게 되며, 더 많은 것을 사주려고 한다. 그 결과, 아이는 주위 사람들에게 더 많이 의존하게 될 뿐만 아니라 밀착된 관계를 맺는 방법을 배우게 된다.

부모가 서로 존중하지 않는 가정의 아이 역시 공부를 못할 가능성이 높다. 서로 존중하지 않는 부모는 아이의 양육에 대해서도 서로 의견을 달리하는 경우가 많다. 이때 아이는 부모의 주도권 싸움에 휘말리게 되는데 그 과정에서 매우 큰 고통을 겪게 된다.

수정이는 공부를 매우 잘했어요. 문제는 엄마 아빠가 자주 싸운다는 것인데, 그때마다 수정이는 엄마 편을 들었어요. 이에 엄마는 아빠에 대한 좋지 않은 일을 수정이에게 알려줘 두 사람 사이를 더욱 나쁘게 만들었어요. 그런데도 아빠는 수정이와 좋은 관계를 가지려고 열심히 노력했고, 수정이는 아빠를 다시 바라보게 되었어요. 그러자 수정이는 이번에는 엄마를 미워하게 되었어요. 비록 지금은 공부를 잘하지만 못하게 될 위험성이 아주 커진 셈이죠.

칭찬도 지나치면 독이 될 수 있다

머리는 좋은 데 공부를 못하는 아이들이 꽤 있다. 왜 머리가 좋음에도 불구하고 공부를 못하는 것일까.

아이들의 영재성에 있어서 가장 중요한 것 중 하나가 바로 어린 시절의 환경이다. 지금까지 내가 봐온 영재들은 모두 사회적·경제적 배경과는 크게 상관없었다. 오히려 아이의 경험을 풍부하게 해주기 위해 많은 시간과 노력을 쏟는 가정에 영재가 많았다. 즉, 어린 시절의 환경이 풍부해야 타고난 능력이 계발될 수 있는 것이다.

하지만 영재들의 경우 많은 주도권을 갖으려고 한다. 주위 사람들의 '영리하다'는 말은 추론이나 음악적, 또는 다른 재능을 발달시킨다. 이에 아이는 점점 칭찬에 익숙해지게 된다. 그러나 이는 곧 여러 가지 문제를 발생시킨다.

첫째, 학교 공부가 너무 시시하다고 생각하게 된다. 나아가 특별한 노력이 필요 없다고 생각하기 때문에 노력하는 습관 역시 형성되지 않는다. 그 결과, 주도성과 자발성이 저하되게 된다.

둘째, 선생님이나 부모가 자신에게 맞는 프로그램을 제공하기 위해 특별히 노력한다는 사실을 알게 된다. 그 결과, 지나치게 우쭐해질 수 있다.

이처럼 영재들의 위험은 주위 사람들의 지나친 관심으로 인해 너무 많은 주도권을 갖는 데서 시작된다. 이에 자신에 대한 칭찬이 계속되길 바라며, 공부에 관한 한 완전한 선택의 자유를 기대한다. 그러나 두 가지 모두 아이의 재능 없이는 계속될 수 없음을 알아야 한다.

나쁜 습관은 즉시 바로 잡아줘라

아이가 공부를 못하게 되는 조건을 갖췄다고 해서 반드시 공부를 못하게 되는 것은 아니다. 똑같은 조건이라도 성취하려는 의욕이 더 생기는 아이가 있는가 하면, 어떤 아이는 아예 성취 의욕 자체가 없는 경우도 있기 때문이다.

중요한 것은 학교 환경과 부모의 양육 태도가 이 문제를 치유하거나 더 악화시킬 수도 있다는 것이다. 하지만 이 과정에서 부모가 양육의 주도권을 잃을 수도 있으며, 이로 인해 아이가 부모에게 매달리거나 반대로 부모를 휘두르는 태도를 학습할 수도 있다는 것이다.

때로는 유치원에서부터 이런 문제가 발생하기도 한다. 그러나 대부분의 부모들은 이를 그다지 심각하게 생각하지 않는다. 학교에 들어가면 저절로 해결될 것이라 생각하기 때문이다. 물론 그런 아이들이 반드시 문제아가 되는 것은 아니다. 또한 이런 행동을 고칠 수 없는 것도 아니다.

하지만 그것이 심할 경우 평생을 갈 수도 있다. 나아가 이런 태도는 불안정·미성숙·수동성·학습장애 속에 감추어져 초등학교 저학년 때는 나타나지 않을 수도 있다. 학교 환경이 더 경쟁적으로 되거나 더 이상 자신이 학교에서 뛰어나지 않다고 생각될 때까지 숨어 있기 때문이다. 때문에 나쁜 습관은 즉시 바로 잡아줘야 할필요가 있다.

우리 아이 공부 환경은 어떤가

　　다음 질문을 통해 아이의 공부 환경에 대해서 알아보자. 질문에 '예'라는 대답이 나올 경우 1점을 준다. 그리고 그 점수의 총합을 통해 아이의 공부 환경 상태를 알 수 있다.

① 아이가 3살이 되기 전까지 보통 이상의 주의 집중력을 보였는가?

② 아이가 10대가 되기 이전에 부모가 이혼을 고려하는 상황을 경험하지는 않았가?

③ 아이가 학교에 입학하기 전에 병치레를 자주 하지는 않았는가?

④ 아이에게 3년 미만 터울의 동성 형제가 있지는 않는가?

⑤ 온 식구가 오랫동안 기다린 끝에 아이가 태어나지는 않았는가?

4~5점 : 문제가 매우 심각한 상태

2~3점 : 문제가 약간 심각한 상태

1점 : 문제가 조금 있음

0점 : 전혀 문제가 없음

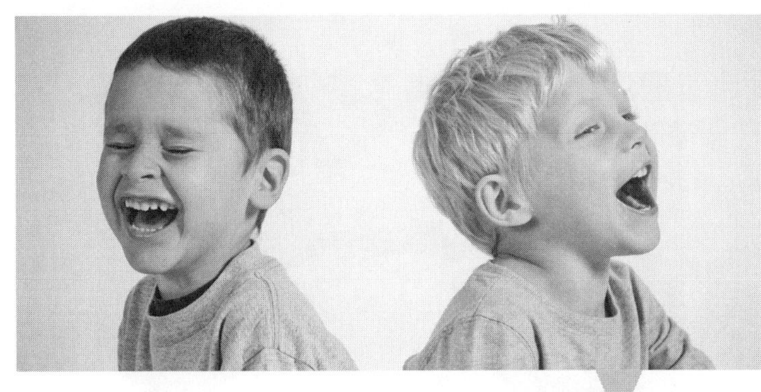

PART. 3
아이는
부모에 의해
완성된다

아이는 부모의 행동과 말을 그대로 보고, 배운다

부모는 아이가 가장 닮고 싶은 역할모델

체크리스트

우리 아이 의존적 · 지배적 성향 알아보기

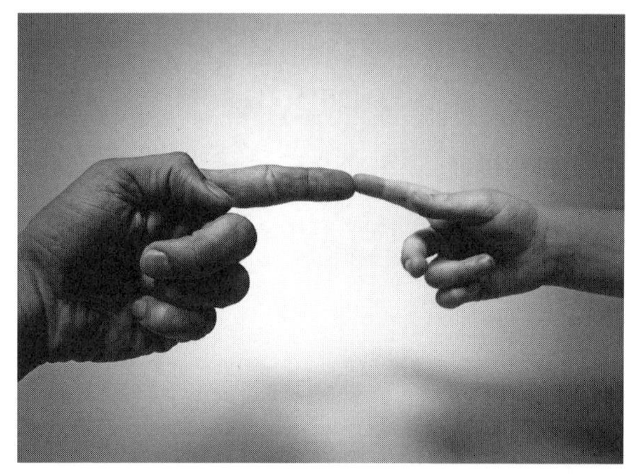

　　■■■■　아이는 부모를 닮는다. 유전적으로도 그렇지만 부모의 행동과 말, 생활방식을 보고 듣고 자라기 때문이다. 문제는 아이가 부모의 좋은 점만 배우지 않는다는 것이다. 오히려 부모의 단점을 더 쉽게 배운다. 그런 점에서 성실하고 열심히 사는 부모를 둔 아이가 공부를 잘하는 것은 어쩌면 당연한 일이다. 반면, 매사에 부정적이고 불만투성이인 부모를 둔 아이가 공부를 잘하기란 매우 어렵다.

아이는
부모의 행동과 말을
그대로 보고, 배운다

주위를 살펴보면 학창시절 공부를 못했던 것을 합리화하는 사람들이 꽤 있다. 이들은 습관적으로 이렇게 말하곤 한다.

"학교 공부는 아무리 잘해도 소용없어."

만일 가정에서 아빠가 이런 모습을 자주 보인다면 어떻게 될까. 당연히 아이들 역시 학교 공부에 관심이 없고 신경을 쓰지 않게 된다. 특히 아이가 아빠를 유난히 좋아한다면 학교나 사회에서 문제아가 될 수도 있다. 때문에 아이가 어렸을 때 이런 습관을 바로 잡아줄 필요가 있다. 그만큼 쉽게 치유가 가능하기 때문이다. 문제는 그것을 알아채기가 쉽지 않다는 것이다. 대부분 아이가 중학교나 고등학교에 진학한 후에야 그 사실을 알게 된다.

하지만 그때는 이미 늦다. 공부나 학교생활에 전혀 관심이 없을 수 있기 때문이다. 이런 아이를 상대로 왜 학교를 다녀야 하고, 왜 공부를 해야 하는지 설득하기란 매우 어렵다.

아이는 부모를 닮는다. 유전적으로도 그렇지만 부모의 행동과 말, 생활방식을 보고 듣고 자라기 때문이다.

문제는 아이가 부모의 좋은 점만 배우지 않는다는 것이다. 오히려 부모의 단점을 더 쉽게 배운다. 더러는 할머니나 할아버지의 습관을 배우기도 하며, 사촌을 따라 하기도 한다. 그런 점에서 성실하고 열심히 사는 부모를 둔 아이가 공부를 잘하는 것은 어쩌면 당연한 일이다. 반면, 매사에 부정적이고 불만투성이인 부모를 둔 아이가 공부를 잘하기란 매우 어렵다.

부모가 서로 존중하고, 사랑하는 것만큼 아이에게 가장 좋은 가정교육은 없다. 그런 부모를 보고 자란 아이가 공부를 잘하는 것 역시 당연하다.

부모는
아이가 가장 닮고 싶은
역할모델

가장 좋은 부모 모델은 무엇인가

아이들은 부모가 직장에서 일할 때 어떤 행동을 하는지 일일이 볼 수 없다. 또 엄마 아빠가 서로 나누는 말과 행동 역시 속속들이 알 수 없다. 하지만 엄마 아빠가 하루 일과를 마친 후 집에 돌아와 한숨을 쉬거나 화를 낼 경우, 이를 통해 많은 것을 알고 배우게 된다. 그런 점에서 부모는 아이들에게 긍정적인 모델이 될 수도, 부정적인 모델이 될 수도 있다. 그렇다면 아이들에게 가장 좋은 부모 모델은 과연 무엇일까.

엄마 아빠가 모범을 보여라

아이들 모두가 학교를 좋아하는 것은 아니다. 학교를 싫어하는 아이들도 분명 있다. 부모 역시 마찬가지다. 이에 아이가 학교 가기가 싫다며 칭얼댈 때 "나도 그랬다"며 말하고 싶은 부모도 분명 있을 것이다.

이처럼 부모가 자신의 좋지 않았던 경험을 솔직히 이야기하면 아이와 사이가 더 가깝게 느껴질 수 있다. 하지만 이는 결코 옳은 일이 아니다. 아이에게 좋지 않은 영향을 미칠 수도 있기 때문이다.

활동적이고 똑똑한 아이가 학교에 들어간 지 얼마 되지 않아 이런 말을 했다.

"학교 가기 싫단 말이야. 할아버지와 아빠도 어렸을 때 학교에 가기 싫었다고 했단 말이야."

이 아이는 자신과 아빠, 할아버지를 동일시했다. 두 사람으로부터 학교생활에 대한 좋지 않은 영향을 받았기 때문이다. 만일 아이가 이런 부정적인 말을 교실에서도 반복한다면 아무리 헌신적인 선생님이라도 감당하기 힘들 것이다.

그런 점에서 아이의 지적 능력이 아무리 뛰어나더라도 가족들이 의사 표현을 적절히 하지 않으면, 아이는 결코 뛰어난 성취를 이룰 수 없다.

"어쩜 넌 하는 짓마다 네 아빠를 똑 닮았니?"

"넌 네 엄마를 아주 빼다박았구나. 하는 짓 하고는."

"나 역시 공부하는 게 정말 싫었단다. 그러니 넌 나를 닮은 모양이다."

이런 말을 들은 아이는 그 사람과 자신을 동일시하게 된다. 나아가 부모와 같은 행동을 하지 않겠다고 생각하면서도 자신도 모르는 사이에 부모와 똑같은 행동을 하게 된다.

부모라면 아이에게 긍정적인 모델이 되어야 한다. 즉, 아이에게 긍정적인 부분만 말해야 하는 것이다.

아이들은 '공부해야 한다', '숙제해야 한다' 등의 설교는 잘 듣지 않지만 부모가 자신에 대해서 말하는 것은 곧잘 새겨듣곤 한다.

엄마 아빠가 학창시절 공부를 열심히 하지 않아 성적이 좋지 않았다는 이야기가 재미있는 이야깃거리가 될 수도 있다. 하지만 부모나 아이 모두에게 아무런 이익도 되지 않을 뿐더러 결국 부모에게 걱정거리만 한가득 안겨줄 뿐이다.

규칙적인 생활을 할 수 있도록 하라

자신의 능력을 제대로 발휘하지 못하는 아이들일수록 산만한 경향이 있다. 아이들은 그런 행동을 대부분 부모로부터 배운다. 하지만 어떤 부모들은 그것을 매우 자랑스럽게 여기곤 한다. 그것이 창의성을 키워주는 것이라고 생각하기 때문이다. 산만하고 혼란스러운 것과 창의성을 혼동하는 것이다.

창의성이란 무질서 속에서 다른 사람은 결코 알아차릴 수 없는 질서를 찾아내는 것이다. 그러자면 우선, 행동과 사고가 자유로워야 한다. 그래야만 창의성이 자극되고, 신장되며, 보다 근본적인 사고를 할 수 있기 때문이다. 또한 창의성은 어느 정도 규칙을 지킬 때 효율적으로 일어난다. 그런 점에서 규칙이 없는 가정에서 자란 아이들은 학교나 사회에서 부과하는 한계를 절대 이해할 수 없다.

아이들은 학교라는 조직생활에 반드시 적응해야만 한다. 그러자면 친구들과 사이좋게 지내는 일, 정해진 기한 내에 숙제를 제출하는 일, 학교와 선생님이 정한 규칙 등을 반드시 지켜야 한다. 결국 이런 일은 가정에서 규칙적인 생활을 할 때 좀 더 쉽게 이루어질 수 있다.

규칙을 지키되, 어느 정도 융통성이 필요하다

아이가 책임감을 갖고 의사결정을 하려면 어느 정도의 규칙과 함께 융통성이 반드시 필요하다. 즉, 지나치게 산만해서도 안 되지만, 지나치게 엄격한 나머지 아이 스스로 결정할 여지를 줄여서도 안 된다. 모든 것을 규칙대로만 하면 아이 스스로 하고 싶은 마음이 생기지 않기 때문이다.

사실 이런 구조 속에서 자란 아이들일수록 어려서는 공부를 꽤 잘하는 것처럼 보인다. 왜냐하면 어려서는 부모에게 끌려 다닐 수밖에 없기 때문이다. 그러나 아이의 자아가 형성될 때쯤이면 상황이 완전히 뒤바뀌게 된다. 책상 앞에 붙들어 앉혀 놓아도 결코 공부를 하려고 하지 않기 때문이다. 어쩌면 나이가 더 들거나 자아가 더 강한 아이라면 부모의 통제 밖에서 생활할 기회를 노릴 수도 있다.

수동적·지배적인 행동에서 벗어나게 하라

간혹 엄마 아빠가 서로 협력하지 않고 지배만 하려는 경우가 있다. 예를 들면, 아빠가 소파에 누워 휴식을 취하고 있다고 하자. 이를 지켜보는 엄마는 매우 화가 나 있다. "창문 좀 고쳐 줄래요?"라며 아무리 요청해도 꿈쩍도 하지 않기 때문이다. 참다못한 엄마는 잠시 후 투덜거리며 나가버린다. 하지만 아빠는 여전히 꿈쩍도 하지 않는다.

이런 아빠를 수동적-지배적인 유형이라고 한다. 이런 유형의 아빠들에게는 가정을 지배하는 힘이 있다. 하지만 아이들에게 있어 매우 부정적인 모델에 해당된다.

다음은 필자가 초등학교 4학년 남자 아이와 나눈 대화 중 일부다.

필자 : 현구는 엄마 아빠 중 누구와 많이 닮았니?

현구 : (주저하지 않고) 아빠요.

필자 : 아빠와는 어떤 점이 닮았니?

현구 : 엄마가 아빠에게 어떤 일을 부탁하려고 아무리 불러도 아빠는 전혀 반응이 없어요. 그래서 저 역시 엄마가 숙제하라고 아무리 불러도 대답을 안 해요.

아빠만 이런 유형에 속하는 것은 아니다. 엄마 역시 이런 행동을 보일 수 있다. 남녀평등을 주장하는 직장 여성의 경우 특히 그렇다. 그녀들은 전통적인 집안일을 회피하기 위해 수동적-지배적인 행동을 하면서 성에 대한 고정관념을 깨뜨리고자 한다. 예를 들면, 남편이 6시에 저녁을 먹고 싶어 해도 6시 30분이 되도록 준비를 하지 않는다. 그러면서 "나도 바빴어요"라거나 "깜빡 잊었어요"라고 말하곤 한다. 참다못한 남편이 아내에게 잔소리를 할 것은 당연하다. 그렇게 두 사람의 싸움은 계속된다.

사실 수동적-지배적인 행동은 공부를 잘 하지 않는 아이들에게서 나타나는 특성이다. 그런 점에서 "잊어버렸어요", "모르겠어요", "숙제가 없어요" 등의 말은 모두 수동적·지배적인 형태라고 할 수 있다.

아이들은 겉보기와 달리 큰 힘을 가지고 있다. 하지만 선생님과 부모에게는 힘이 없다. 아무렇지도 않게 "잊어버렸어요"라고 얘기하는 아이에게 부모와 선생님은 과연 뭐라고 할 수 있을까. 결과적으로, 이는 모두 부모의 책임이라고 할 수 있다.

가장 훌륭한 부모는 아이들과 대화를 많이 나누는 사람

수동적인 부모, 게으른 부모, 체계적이지 못한 부모, 규칙 없이 되는대로 사는 부모….

이런 부모는 아이에게 절대 좋은 모델이 될 수 없다. 그렇다면 일을 많이 하는 부모는 과연 어떨까.

열심히 일하지만 피곤하고 지친 나머지 아이들과 이야기를 제대로 나눌 시간이 없다면 결코 좋은 모델이 될 수 없다. 아이들은 부모가 바쁘기만 하고 즐겁지 않으면 일을 그만두기를 바라기 때문이다. 특히 그런 아이들일수록 학교에서 선생님이 내주는 과제에 대해서 불평불만을 일삼곤 한다. 나아가 성인이 된 후에도 부모에 대한 불평불만이 여전히 남아 있는 경우가 많다.

"우리 부모는 열심히 일만 했어."

"나는 일만 하면서 살고 싶진 않아."

엄마가 아이들로 하여금 아빠를 존경하지 않게 하는 확실한 방법이 있다. 아빠에 대한 불평불만을 아이들에게 계속해서 하는 것이다.

"어쩜, 네 아빠라는 사람은 허구한 날 일만 그렇게 하니. 그래서 우리가 이렇게 고생하는 거야."

아이들은 엄마 아빠와 함께 이야기하는 것을 좋아한다. 따라서 퇴

근 후에는 가급적 아이들과 하루 동안 있었던 일에 대해서 이야기를 나누는 것이 좋다. 특히 일을 하면서 자부심을 느꼈던 점이나 열심히 일해서 얻은 좋은 성과에 대해서 들려주면 아이들은 엄마 아빠를 자연스럽게 존경하게 된다. 나아가 가끔 문제가 발생했을 때 그것을 어떻게 해결했는지에 대해서도 이야기해주는 것이 좋다. 또 문제를 해결하는 과정에서 발생하는 장애는 어떻게 극복했는지, 그로 인해 얼마나 큰 성취감을 갖게 되었는지 말해주는 것이다. 그렇게 되면 아이들은 실패했을 경우 어떻게 대처해야 하는지에 대해서 자연스럽게 배우게 된다.

'가장 훌륭한 부모는 아이들과 대화를 많이 나누는 사람'이라는 말이 있다. 세상 모든 부모들이 명심해야 할 말이기도 하다.

자신은 훌륭한 부모라고 착각하지 마라

지극히 정상적인 가정에서도 부부 사이에 경쟁이 있을 수 있다. 그 중 대부분은 한 쪽 부모가 다른 쪽 부모를 무력하게 만드는 것이다. 하지만 배우자를 무력하게 만드는 것은 자신과 배우자뿐만 아니라 아이에게도 큰 피해를 끼친다.

부모들이 가장 많이 하는 착각 중 하나가 '나는 훌륭한 부모'라고 생각하는 것이다. 과연 아이들의 생각도 똑같을까.

경쟁 상황에서는 승자와 패자가 확실히 구분된다. 이에 승자는 아이에게 큰 영향을 미치지만, 패자는 그렇지 못한다. 아이가 경쟁에서 진 부모를 따라하거나 배우려고 하지 않기 때문이다. 이에 엄마 아빠가 경쟁하는 가정의 아이들은 경쟁에서 이긴 부모는 훌륭하고 좋은 부모로, 경쟁에서 진 부모는 나쁘고 무능력한 부모로 생각하게 된다.

엄마 아빠가 서로 경쟁하는 가정의 유형은 다음과 같다.

권위를 중시하는 권위적인 아빠

'출세하고 파워 있는 아빠'와 '친절하고 이해심 많은 엄마'가 있는 가정이 있다. 하지만 실제로 이 가족을 들여다보면, 아빠는 얼굴에 마치 '거절'이라고 쓴 것처럼 보인다. 언제나 아이들이 하고 싶어 하는 것을 반대하기 때문이다. 이에 엄마는 아빠의 이런 태도를 바꾸고자 끊임없이 설득한다. 설득이 잘 안 될 것 같으면 아빠 몰래 아이들이 원하는 것을 해준다. 그러는 동안 아이들은 아빠의 권위를 무시하는 법과 눈치 보는 법을 배우게 된다.

아이들이 자랄수록 아빠들은 자신의 영향력이 확연히 줄어드는 것을 느낀다고 한다. 이에 자신의 통제력을 유지하기 위해 더욱 권위적인 행동을 하게 된다. 하지만 엄마는 그럴수록 아이들을 더 이해해야 한다며 아빠를 설득한다. 그 결과, 아빠로부터 아이들을 방어해주고, 아빠의 권위를 자연스럽게 약하게 만드는 데 한 몫 한다.

사실 이 유형은 우리나라 아빠들의 전형적인 모습이다. 이 유형의 특징은 처음에는 아빠가 가정의 모든 권력을 갖고 있지만 시간이 흐를수록 그 권력이 엄마에게 집중된다는 것이다.

다음은 필자가 상담을 진행했던 실제 사례다.

진규가 연장을 갖고 놀자, 아빠는 화가 난 나머지 큰 소리를 내고 말왔다.

"그런 걸 함부로 만지면 안 돼."

이에 엄마는 아빠를 향해 이렇게 얘기한다.

"호기심으로 한 번 만진 건데, 그런 걸로 화까지 낼 필요는 없잖아
요?"

그러나 다음날도 진규는 똑같은 일을 반복했다. 이에 아빠가 사색이
되어 큰소리로 꾸짖자, 진규는 울면서 자기 방으로 들어가 버렸다.
곧이어 엄마 역시 진규를 따라 방으로 들어갔다. 엄마는 진규를 꼭 껴
안은 채 다음과 같이 얘기했다.

"아가, 괜찮아. 아빠가 너를 이해하지 못해서 그래. 우리 아가가 얼마
나 착한데. 그냥 호기심으로 그랬다는 걸 엄마는 알고 있단다."

엄마는 아빠가 쉽게 화를 내지 말고 좀 더 진규를 이해해줬으면 한
다. 그러나 해가 갈수록 아빠와 진규의 관계는 더 나빠졌다. 그도 그
럴 것이 아빠는 아들과 대화하는 법을 모르고, 진규는 아빠를 무섭고
두려운 존재로 인식하고 있기 때문이다. 이에 자신은 나중에 절대 아
빠처럼 되지 않겠다며 다짐한다. 그 결과, 아빠와 진규의 관계는 점점
더 경쟁적으로 바뀌어 갔다.

그렇다면, 과연 엄마는 잘한 것일까. 엄마는 남편을 잔인하면서도
힘없는 사람으로 만들었다고 할 수 있다. 아내조차도 존경하지 않는
인색한 아빠를 아들이 어떻게 존경할 수 있겠는가.

진규는 어려서는 엄마가 더 좋다고 말했다. 하지만 자라면서 엄마
와 닮았다는 것이 여간 불편하지 않았다. 또한 자신이 정말로 좋아

하는 사람이 엄마인지 아빠인지 헷갈렸다. 자신이 뭘 하고 싶은지, 어떤 사람이 되고 싶은지에 대해서도 전혀 관심이 없었다. 이에 다른 사람들에게 자신은 그저 되는대로 사는 사람처럼 보였을 지도 모른다는 생각이 들었다. 그러나 그것도 괜찮다. 분명 엄마가 도와줄 테니까.

이렇듯 엄마가 아이를 돕는 것은 아빠를 잔인하게 만든다. 예를 들어, 엄마가 아이에게 "아빠는 일은 열심히 하지만 우리 가족에게는 전혀 도움이 되지 않아"라고 말한다고 하자. 이는 곧 "아빠처럼 너무 열심히 일하지 마라. 가정생활이 없는 직업은 좋지 않다"라고 말하는 것과 같다. 이 말을 듣고 자란 아이는 이런 개념을 응용해서 부모에게 이렇게 말할 수도 있다.

"왜 공부를 해야 하는지 모르겠어요."

이쯤 되면 아이는 더 이상 엄마의 말을 들으려고 하지 않을 것이다. 또 다른 예를 보자.

아빠가 아들의 진로를 자신의 직업 쪽으로 유도하려고 하자, 엄마는 "아이들은 스스로 자신의 진로를 선택할 권리가 있다"며 아빠를 저지하고 나선다. 거기에는 다 이유가 있다. 엄마가 아빠의 직업에 대해서 그다지 좋게 생각하고 있지 않기 때문이다.

여기서 엄마가 아들에게 주는 간접적인 메시지는 다음과 같다.

"아빠를 좋아해서는 안 된다."

"아빠가 시키는 것은 하지 마라."

결과적으로 엄마와 아빠는 아들에게 이상적인 모델이 되지 못한 채 기피해야 할 사람이 되고 말았다.

규칙을 중시하는 엄마

아빠가 엄마를 잔인하게 만들 수도 있다. 특히 이런 아빠들은 아이들이 공부를 열심히 하지 못하게 만들기도 한다.

이런 아빠들은 관대하고, 주변 사람들을 사랑하며, 따뜻하고, 풍부한 감수성을 갖고 있는 경우가 많다. 좀처럼 화를 내지 않고 아이들과 의견 차이가 있을 때는 토론도 한다. 이에 자신을 가리켜 훌륭하고 공정한 아빠라고 착각하곤 한다.

사실 이런 유형의 아빠 이미지는 우리에게 매우 친숙하다. 텔레비전 드라마에 이런 유형이 많이 나오기 때문이다. 이들은 자신을 훌륭한 아빠라고 생각하기 때문에 아내가 규칙을 만드는 것을 기꺼이 허락한다. 하지만 엄마가 만든 규칙을 아빠가 먼저 깨거나, 아이들이 지키지 않아도 되는 예외를 두는 경우가 많다. 다음은 그 대표적인 사례다.

〔사례 ① 〕 아들과 사이좋게 텔레비전을 보는 아빠와 숙제부터 하라는 엄마

정호네 가족은 어제 있었던 가족회의 시간에 '정호가 텔레비전을 보기 전에 반드시 숙제를 해야 한다'는 규칙을 만들었다. 엄마 아빠는 이 규칙에 동의했다. 이에 엄마는 아빠와 정호에게 이 규칙을 반드시 지킬 것을 요구했다.

그런데 다음 날 저녁, 정호가 숙제는 하지 않고 쇼파에 앉아 축구경기를 보고 있었다. 어제했던 약속은 까맣게 잊어버린 듯 했다.

엄마 : 정호야, 숙제 다 했니?

정호 : ······.

엄마 : 어제 회의에서 정한 규칙을 벌써 잊었니?

정호 : 잠깐만요, 엄마. 이거 중요한 경기란 말예요.

엄마 : (몇 분 후) 아직도 텔레비전을 보고 있니? 숙제부터 하라니까.

정호 : (엄마를 흘끗 바라보면서) 아빠가 이걸 본 뒤에 해도 된다고 했단 말이예요.

그러자 엄마는 실망한 표정으로 거실을 빠져 나간다.

〔사례 ②〕 텔레비전 프로그램에 대해서 아들과 대화를 나누는 아빠와 숙제부터 하라는 엄마

축구경기가 끝난 후 아빠와 정호는 소파에 앉아 경기에 관한 이야기를 나누고 있다.

엄마 : 정호야, 너 축구 끝나면 바로 숙제하겠다고 했잖니? 그리고 여보, 어제 가족회의 시간에 정한 규칙 잊었어요?

정호 : 엄마, 저 지금 아빠랑 얘기하고 있잖아요. 그러니 조금만 더 있다가 할게요.

아빠 : 여보, 예외란 게 있잖아. 또 정호도 조금 있다가 숙제를 한다고 하고. 우리 지금 그 경기에 대해서 아주 좋은 대화를 나누고 있다고.

이번에도 엄마는 무기력한 표정으로 한숨을 내쉬며 거실을 빠져 나간다.

〔사례 3〕 인자한 아빠와 화부터 내는 엄마

엄마 : (더 이상 참지 못하고 화를 내면서) 벌써 10시야. 밤새도록 얘
기만 할 거니?

정호 : 소리치지 마세요. 지금 하려고 하는데 너무 늦어서 집중이 안
돼요. 차라리 일찍 자고 일어나서 하는 게 좋을 것 같아요. 제가 알아
서 할 테니까, 너무 걱정하지 마세요. 왜 엄마는 저를 믿지 못하세요?

아빠 : 여보, 그렇다고 화를 낼 것까진 없잖아. 또 정호가 내일 일찍 일
어나서 한다고 하잖아.

정호는 잠자리에 들면서 엄마는 정말 잔소리꾼이라고 생각한다.
그러면서도 내일 아침에 엄마가 분명히 숙제를 대신해줄 것이라고
생각한다. 아빠는 여전히 텔레비전 앞에 앉아 아내가 왜 그렇게 잔소
리가 심해졌는지 의아해 한다. 엄마는 화를 참지 못한 것에 대해 화
가 난 채 지친 표정으로 남편 옆에 앉아 있다. 남편이 좀 도와주었으
면 좋겠지만 남편은 전혀 그럴 사람이 아니란 것 또한 잘 알고 있다.
왜 정호는 자신의 말을 듣지 않는 것일까.

엄마는 정호가 내일도 숙제를 하지 않을 것이란 사실을 잘 알고 있
다. 자명종이 울리면 벨을 끄고 다시 잘 게 틀림없다. 그러자 자신도
모르게 화가 치밀어 오른다. 선생님에게 들을 이야기도 뻔하다.

"정호는 머리가 좋아서 조금만 더 열심히 공부하면 성적이 아주 좋
을 거예요."

사실 얼마 전부터 정호의 성적은 점점 나빠지고 있다. 이는 선생님

이나 엄마에게 도무지 이해하지 못할 미스터리이기도 하다.

엄마가 극성스러우면 아이들이 공부를 못하게 된다. 이에 아이들은 아빠가 자신들을 위해 아무런 노력을 하지 않더라도 아빠를 더 좋아하게 된다. 그 결과, 엄마나 선생님을 무시하고 때때로 규칙을 어겨도 상관없다고 생각하게 된다.

꼭두각시 아빠

이런 유형은 엄마가 심리학자이거나 교육자 또는 사회사업가, 부모 교육을 받은 경우에 주로 나타난다. 반면, 아빠는 의사나 엔지니어, 부모 교육에 대해 전혀 경험이 없다. 즉, 엄마는 아이 양육법에 대해서 잘 알고 있는 반면, 아빠는 전혀 모른다는 것이다. 이에 이 유형의 경우, 엄마가 아빠에게 어떻게 하면 아이를 올바르게 키울 수 있는지에 대해서 방향을 제시할 필요가 있다.

엄마는 아들이 남성의 역할을 배우는 데 있어 아빠의 역할이 매우 중요하다는 사실을 잘 알고 있다. 이에 남편에게 이를 설명해주고, 아빠는 주말을 이용해 아이와 함께 낚시를 가거나 스포츠 경기를 보러 간다. 그렇게 해서 처음에는 두 사람 사이에 긍정적인 관계가 형성된다. 그러나 곧 문제가 발생하고 만다.

어느 날, 아이가 아빠의 책과 노트를 마구 흩어버리고 찢어버린 것이다. 아빠는 화가 나서 아이를 손바닥으로 때리고, 아이는 큰 소리로 운다. 이에 깜짝 놀란 엄마가 급히 달려온다. 엄마는 아이를 어루만지고 달래면서 아빠가 감정을 통제하지 못해서 그런 것이라고 설명한다.

잠시 후 아이가 어느 정도 안정을 되찾자, 엄마는 아빠에게 이런 상황을 극복할 수 있는 방법에 대해서 설명을 하기 시작한다.

아빠는 아이에게 바람직한 행동에 대해서 설명해줘야 할 의무가 있으며, 아이를 꾸짖으면 자아 개념에 나쁜 영향을 미치기 때문에 절대 꾸짖어선 안 된다는 것이다. 칭찬을 많이 해줘야 한다는 말도 잊지 않는다. 이에 아빠는 자신이 왜 화를 냈는지, 왜 아들에게 손찌검을 했는지 모르겠다며, 뒤늦게 후회를 한다. 하지만 이런 상황이 다시 일어나면 어떻게 할지 확신할 수는 없다.

그 후 아빠는 수없이 노력할 것이다. 그러나 매번 화를 참지 못하고 아들의 자아 개념에 손상을 주고만다.

아빠는 엄마가 아이를 더 잘 키운다고 생각할 수도 있다. 어쨌든 아이가 학교에 들어가고 학년이 올라가면 밤에 자신의 일에 더 몰두할 수 있을 것이며, 주말에 일을 더 많이 하면 승진도 빨라지고 돈도 더 많이 벌어 아들에게 더 잘할 수 있을 것이라고 생각한다.

아빠의 결론 : 지금은 열심히 일하고, 아이가 좀 더 크면 함께 놀아줘야겠다.

엄마의 결론 : 아이 아빠는 아이를 잘 다루지 못한다. 그러니 나라도 아이를 옳은 길로 인도해야겠다.

아이의 결론 : 아빠는 집에 머문 적이 거의 없다. 아빠들은 모두 일 때문에 바쁜가보다. 나는 절대 아빠처럼 되지 않을 것이다.

이렇듯 아빠는 꼭두각시가 되고, 아이는 '아빠는 잔인하다'고 생각하게 된다.

잔소리를 일삼는 엄마

엄마가 꼭두각시인 가정의 여자아이는 청소년기 때 반항아가 될
확률이 높다. 그러면 아빠와 딸은 한 편이 되어 둘만의 특별한 맹세
를 한다. 엄마를 무능력한 사람으로 만들고 따돌리는 것이다. 그렇게
해서 딸은 아빠를 자신의 마음대로 조종할 수 있게 된다. 그런 딸을
보면서 엄마는 그 재주에 감탄할 뿐 내재된 문제에 대해서는 전혀 알
지 못한다.

딸은 사춘기가 되면 엄마와 수시로 언쟁을 하게 된다. 이에 엄마는
딸이 자신의 말을 한마디도 듣지 않는 것을 도저히 이해할 수가 없
다. 엄마가 "이것은 흰 색이야"라고 말하면 딸은 "아니에요, 회색이에
요"라고 반박한다.

딸은 엄마와 갈등이 있을 때마다 아빠에게 하소연한다. 그러면 아
빠는 모든 일을 부드럽게 처리해준다. 딸이 아빠의 무릎을 끌어안고
엄마가 얼마나 부당한지, 얼마나 화를 잘 내는지 불평하면 아빠는 딸
을 잘 다독거려서 상한 마음을 가라앉혀 준다. 그러다가 딸이 중학
생이 되어 신체적으로 성숙해지게 되면 아빠는 딸에 대한 걱정이 많
아지면서 여러 규제를 가하려고 한다. 이에 전에 없던 잔소리를 하게
된다.

"늦어도 밤 9시까지는 반드시 집에 돌아와야 한다. 그리고 남자애
들 조심하고, 아무하고나 사귀어서는 절대 안 돼."

"혹시 아빠도 저를 믿지 못하세요?"

그러면서 도저히 이해할 수 없다는 표정으로 아빠를 바라본다.

"널 믿지만 세상이 험하잖니."

딸은 전에 없던 아빠의 규제와 잔소리가 끔찍하다. 이에 참다못해 엄마에게 하소연을 하고, 모처럼 딸과 친밀한 관계를 맺을 수 있는 기회를 맞은 엄마는 이를 놓치지 않기 위해 노력한다.

그렇게 해서 딸은 엄마와 아빠 사이를 오가면서 두 사람을 조종하는 법을 알게 된다. 이에 옷을 사거나 밤늦게 귀가해야 할 때는 엄마에게 하소연을 하며, 여행이 가고 싶으면 아빠에게 말해서 용돈을 탄다.

딸이 고등학교에 들어가면 부모는 걱정이 더 많아진다. 그리고 비로소 부부가 함께 뭉쳐야 한다는 사실을 뒤늦게 인식한다. 이에 딸은 혼자가 되어 부모와 맞서고, 더 이상 대화를 나누지 않게 된다. 딸이 아무리 훌륭한 기술로 조종하려고 해도 부모의 마음을 바꾸기란 쉽지 않다. 이에 딸은 부모가 자신을 이해하지 못한다면서 점차 외로움을 느낀다.

딸은 도움이 절실하다. 언제나 자기편을 들어주는 친구가 필요하기 때문이다. 이에 친구들 가운데 자신과 비슷한 문제를 겪는 사람을 찾고 곧 그들과 어울리게 된다.

이제 엄마와 아빠는 정말로 불안해진다. 딸이 불량한 아이들과 어울린다는 사실이 도저히 믿기지 않기 때문이다. 이에 딸과 이야기를 해보려고 온갖 노력을 해보지만 쉽지 않다.

딸은 엄마 아빠가 원하는 대로 하고 싶지 않다. 오히려 부모가 자신을 조종하지 못하게 막아야 한다고 생각한다. 반면, 부모는 딸을 지키기 위한 확실한 방법을 찾으려고 한다. 그래서 귀가시간을 정하지만 딸은 결코 지키지 않는다. 그러다가 문득 녹초가 되어 잠든 딸을 보며 불쌍하다는 생각을 하게 된다. 그리고 딸의 일기장을 보면서 딸이 자신들을 얼마나 미워하고 있는지 비로소 깨닫는다.

학원 수업에 빠진 것을 알고 따지면 "날 조종하지 마세요"라고 한다. 딸이 어쩌다 이 지경에 이르게 되었는지 도저히 이해할 수 없다.

하지만 딸을 이렇게 만든 건 바로 아빠다. 아빠는 딸을 엄마와 경쟁하게 만들었다. 엄마로부터 거부당하고 사랑받지 못한다는 느낌을 갖게 한 것이다.

딸은 스스로 권위가 없다고 느꼈지만 실제로는 너무나 많은 권한을 갖고 있었다. 나아가 언제든지 자신을 아주 중요한 사람으로 여기게 하는 다양한 방법을 구사할 줄 알았다.

그런 점에서 엄마 아빠가 매일 싸움을 하는 가정의 아이들은 결코 큰 성취를 할 수 없다. 문제는 엄마 아빠가 그것을 전혀 인식하지 못한다는 것이다. 그런 가정 안에도 승자와 패자, 공격자와 방어자가 있다. 이때 아이는 승자를 닮으려고 한다. 하지만 아이 역시 패자일 뿐이다.

사실 아이들이 성취하지 못하는 가장 근본적인 원인은 가족 내의 힘겨루기에 있다. 즉, 힘을 겨루는 방법과 정도에 따라 아이의 성취가 달라지는 것이다. 만일 엄마가 아빠에게 불만이 많고, 아빠의 권위를 행사하지 못하게 하며, 아들을 남편보다 더 낮게 키우려고 애쓰면, 엄마는 아빠와 아들을 경쟁시키는 셈이다. 문제는 그로 인해 아이가 우울하고 난폭해지기 쉽다는 것이다.

아이들은 권위가 없는 부모를 존경하지 않고 함부로 대하게 된다.
그러다 결국에는 부모 모두를 경멸하고, 반항아로 성장하게 된다. 따라서 부부 간의 힘겨루기는 가급적 지양하는 것이 좋다. 부부가 서로 다르다는 점을 인정하고, 존경하며, 공평한 관계를 가질 때 아이들은 보다 더 성취적이고, 긍정적이며, 정신적으로 건강해지게 된다.

다음 질문을 통해 아이의 의존적 성향을 알아보자. 질문에 '예'라는 대답이 나올 경우 1점을 준다. 그리고 그 점수의 총합을 통해 아이의 의존적 성향을 알 수 있다.

① 다른 아이들이 아이를 수시로 놀리지는 않는가?

② 아이를 과잉보호하고 있지는 않는가?

③ 아이가 숙제를 할 때 부모의 도움을 많이 필요로 하지는 않는가?

④ 아이가 종종 따돌림을 당하고 있지는 않는가?

⑤ 아이가 수시로 울면서 불평불만을 말하지는 않는가?

4~5점 : 매우 심각한 수준

2~3점 : 약간 심각한 수준

1점 : 약간 문제가 있음

0점 : 전혀 문제가 없음

다음 질문을 통해 자녀의 지배적 성향을 알아보자. 질문에 '예'라는 대답이 나올 경우 1점을 준다. 그리고 그 점수의 총합을 통해 아이의 지배적 성향을 알 수 있다.

① 아이가 조금 잘하면 매우 우쭐해하지는 않는가?

② 가끔 아이가 부모나 선생님의 말이나 지시를 어기지는 않는가?

③ 아이가 다른 사람을 비난하거나 변명거리를 찾으려고 하지는 않는가?

④ 선생님이 아이의 마음을 바꾸기 위해 설득하는 일이 자주 있지는 않는가?

⑤ 아이가 한쪽 부모가 거절하면 자기편을 드는 다른 부모를 찾지는 않는가?

———

4~5점 : 매우 심각한 수준

2~3점 : 약간 심각한 수준

1점 : 약간 문제가 있음

0점 : 전혀 문제가 없음

PART. 4
머리 나빠서
공부 못하는
아이는 없다

학습 부진의 원인과 진단방법

학습 부진아의 3가지 유형

의존적인 아이들의 유형과 특징

이기려고만 하는 아이들의 유형과 특징

반항적인 아이들의 유형과 특징

■■■■ 나비는 고치를 뚫고 나올 때 작은 구멍으로 몸을 비비면서 나오기 때문에 매우 고통스럽기 그지없다. 그렇다면 가위로 고치의 구멍을 크게 뚫어 나비가 쉽게 나올 수 있도록 해주면 어떻게 될까. 나비는 곧 죽고 만다. 고치를 뚫고 나오는 고통을 겪지 않아 날개에 힘이 없기 때문이다. 아이들 역시 마찬가지다. 끊임없는 인내와 노력을 통해 숨어 있는 능력을 계발할 수 있는 기회를 줘야 한다. 이런 과정을 통해 자기 자신을 신뢰할 수 있을 뿐만 아니라 자신감 역시 크게 향상시킬 수 있기 때문이다.

학습 부진의
원인과
진단방법

아이들의 학습 부진을 치료하려면 어떤 과목이, 얼마나, 어떻게 부진한지부터 진단해야 한다. 진단방법으로는 공식적 평가와 비공식적 평가가 있다.

공식적 평가는 집단이나 개인의 지능 검사 및 성취도 검사, 창의성 검사 등을 실시하는 것이며, 비공식적 평가는 선생님과 부모의 관찰, 면담 등을 통해서 이루어진다.

학습 부진의 정도는 지능과 성취의 차이로 확인할 수 있다. 예를 들면, 지능은 반에서 가장 높은데 성적은 중상위 수준이라면 학습 부진에 속한다. 지능과 성적이 똑같이 중간 수준이면 학습 부진이 아니다.

학습 부진의 유형은 아이들의 행동과 태도, 습관에 따라 의존적 또는 지배적 유형으로 나눌 수 있으며, 지배적 유형은 다시 반항적인 유형과 이기려고만 하는 유형으로 구분할 수 있다.

한편 지능 검사는 많은 한계에도 불구하고, 아이들이 공부를 얼마나 잘 할 수 있을 것인지에 대해 가장 정확하게 예측하는 검사로 알려져 있을 뿐만 아니라 학습하는 데 있어서 어떤 강점과 약점이 있는지에 대해서도 알 수 있다.

머리는 좋은데 공부를 못한다면 학습 부진을 의심해봐야 한다

개인 지능 검사는 집단 지능 검사보다 훨씬 더 정확하다. 개인 지능 검사가 만 4세부터 가능한 반면, 집단 지능 검사는 초등학생부터 실시할 수 있다. 다만, 지능 지수의 경우 유치원 때보다는 초등학교 입학 후 10세 정도에 검사하는 것이 좋다. 그래야만 보다 더 정확한 결과를 얻을 수 있기 때문이다.

국내에서 가장 많이 사용하는 개인 지능 검사는 케디위스크(KEDI-WISC)다. 이는 한국교육개발원(KEDI)이 웩슬러 지능 검사를 번안한 것으로 10~12개의 하위 검사(어휘력·수리력·상식·추리력·이해력 등의 언어성 검사 및 퍼즐·토막 짜기를 통한 공간 추론 능력·미로 찾기·잘못된 그림 찾기·그림 맞추기 등의 동작성 검사, 시각-운동 통합력)로 구성되어 있다. 점수 결과는 총 지능과 언어성·동작성 지능으로 구분해서 제시한다. 소아정신과를 비롯해 신경정신과, CBS 영재교육학술원 등에서 전문적으로 실시하고 있다.

반면, 집단 지능 검사에는 여러 종류가 있는데, 한국교육개발원에서 개발한 KEDI 집단 지능 검사가 가장 대표적이다. 그 중 학습 부진 평가의 경우 문제의 심각 정도와 행동의 특징을 기술함으로써 이루어지는데, 전문적인 교육을 받은 전문가에 의해 최근까지의 모든 IQ 점수와 성취 점수를 재검토하고, 종합 검사를 실시해 평가한다.

현재 우리가 사용하고 있는 웩슬러 지능 검사는 기술 및 태도 면에서의 다양성을 측정하는데 있어 가장 효과적인 지능 검사라고 할 수 있다. 하지만 여기에는 전제조건이 있다. 전문적인 교육을 받은 전문가에게 검사를 받아야 한다는 것이다.

다음은 아이의 학습 부진 정도를 알아보기 위해 실시하는 검사의 질문 중 일부이다.

- 지능 검사 결과가 10점 이상 하락하거나 학교 성적이 크게 떨어진 적이 있는가?
- 지능 검사와 학교 성적을 비교했을 때 두 과목 이상에서 확연한 차이가 나는가?
- 개인 지능 검사와 집단 지능 검사 결과를 비교했을 때 개인 지능 검사 결과가 두 영역 이상에서 더 높은가?
- 모의고사와 학교 성적을 비교했을 때 두 과목 이상에서 확연한 차이가 나는가?

만일 위의 질문에 하나라도 '예'라는 대답이 나오면 학습 부진아라고 할 수 있다. 또 성적이 이전에 비해 크게 낮아졌다면 자기 능력껏 성취하고 있지 않다고 봐야 하며, 지능에 비해 학교 성적이 확연히 낮은 과목이 많을수록 학습 부진 정도가 심각하다고 볼 수 있다.

아이들의 학습 부진 유형을 확인한 후에는 반드시 전문가의 도움이 필요한지 결정해야 한다. 우리의 연구 결과, 순하고 의존적인 학습 부진아 보다는 지배적이고 반항적인 학습 부진아일수록 전문가의 도움이 절실했다.

대부분의 학습 부진아는 순하고 의존적인 유형이다. 따라서 전문가의 도움 없이도 부모와 아이의 노력만으로도 충분히 아이의 학습 부진을 해결할 수 있다.

학습 부진아의
3가지 유형

학습 부진아의 유형은 크게 3가지로 나눌 수 있다. 의존적인 아이, 반항적인 아이, 항상 이기려고만 하는 아이가 바로 그것이다.

의존적인 아이들은 도움이나 격려를 확실히 요구하지 않는 반면, 은밀한 방법을 통해 더 많은 것을 요구한다. 또 다른 사람을 조종해 필요 이상의 많은 도움을 받는다. 이런 아이를 주위에서는 착하고 순진하다고 말하곤 한다.

반항적인 아이들은 겉으로 보기에는 다소 공격적이지만 주위에서는 강하다고 말한다. 이런 아이들은 무엇이든 자기 뜻대로 해야만 편안함을 느낀다. 그렇지 않으면 무력감을 갖는다. 또한 자신만이 항상 옳고, 주위 사람들은 비합리적이라고 공격한다. 이에 자신이 순종할 수 없는 이유를 제시하기도 한다.

　주위 사람들끼리 서로 비난하게 만드는 것 역시 반항적인 아이들의 특징이다. 이는 비난받는 사람으로 하여금 자신의 편을 들게 하고, 자신을 비난한 사람과 맞서 싸우도록 하기 위해서다.

　항상 이기려고만 하는 아이들은 지배적인 성향이 뚜렷하다. 하지만 엄살이 심한 아이들의 경우 의존적 성향을 보이기도 한다. 하지만 이런 구분이 언제나 옳은 것은 아니다. 어떤 아이의 경우 두 가지 특성이 혼재되어 나타나기도 하기 때문이다.

　이처럼 아이들의 학습 부진 유형을 파악하기 위해서는 아이가 평소에 어떻게 행동하는지 잘 관찰할 필요가 있다. 아이가 주위의 관심을 어떻게 끌려고 하는지 파악하면, 아이가 의존적인지, 반항적인지 구분하는 데 있어 큰 도움이 되기 때문이다.

　예를 들면, 매사에 수동적이며, 잘 울고, 수줍어하며, 학습 속도가 느리고, 끊임없이 다른 사람들에게 도움을 요청하고, 과제를 제때 끝내지 못한다면 그 아이는 의존적인 유형이다. 반면, 매사에 거드름을 피우거나, 성질을 잘 내고, 반박을 잘하며, 자신을 합리화하고, 다른 사람들의 관심을 계속 끌려고 한다면 지배적인 유형이라고 할 수 있다. 또한 의존적인 아이들이 느리고 조심스러운 반면, 반항적인 아이들은 훨씬 더 빠르고 충동적이다.

의존적인
아이들의
유형과 특징

혼자서는 아무것도 할 수 없다

의존적인 아이들은 조용하고, 재미있는 반면, 은밀한 방법으로 다른 사람들의 도움을 받는데 매우 익숙하다. 따라서 겉으로 보기에는 주위 사람들과 비교적 잘 지내는 것처럼 보인다. 하지만 예민하다는 말을 자주 듣는다. 이에 쉽게 좌절하고, 잘 울며, 두통이나 위통을 자주 호소하고, 불평이 많다. 또한 잔병치레가 잦을 뿐만 아니라 슬픈 표정 역시 잘 짓는다. 그 이유는 다른 사람들의 관심과 도움을 받기 위해서다.

이는 학교에서도 마찬가지다. 선생님이 도와줄 때까지 무작정 기다리거나 질문을 자주 하며 과제를 회피하곤 한다. 또한 자주 공상에 빠지고, 멍한 표정으로 창밖을 응시할 뿐만 아니라 공부가 아닌 다른 걸 하겠다며 고집을 피우며, 주위 사람들을 조종한다.

이들은 선생님이 내준 과제가 어렵다며 하지 않으려고 한다. 이에 선생님은 아이가 스트레스를 받지 않도록 하기 위해 더 쉬운 과제를 내준다. 문제는 선생님이 그런 아이를 실제 능력보다 못한 아이로 평가한다는 것이다.

집에서는 문제가 훨씬 더 심각하다. 부모가 아이를 위해 많은 것을 대신해주고 과잉보호를 하기 때문이다. 만일 한쪽 부모가 너그럽게 행동하고 다른 쪽 부모가 인색하게 행동할 경우 아이의 의존적 행동은 더욱 심해진다. 한쪽 부모를 통해 다른 쪽 부모를 조종하기 때문이다. 하지만 이는 절대 옳지 않다. 의존성을 더 키울 뿐만 아니라 아이가 자신을 부모와 동일시하게 되기 때문이다.

문제는 이런 유형의 아이들의 경우 초등학교 저학년 때까지는 학습 부진아로 드러나지 않을 가능성이 높다는 것이다.

언제나 1등이어야만 하는 완벽주의자

은주와 영수는 그야말로 뛰어난 아이들이다. 은주는 '아빠의 귀여운 딸'이며, 영수는 '엄마의 자랑스러운 아들'이다. 이에 주위 사람들의 사랑을 독차지하고 있다. 누구도 그들에게 특별한 문제가 있다는 사실에 대해서는 알지 못한다. 그들이 교묘하게 환경을 조종해왔기 때문이다.

초등학교 때까지 1등을 독차지 했던 은주와 영수는 처음 2등을 했던 중학교 때부터 학습이 부진해지기 시작했다. 하지만 여전히 칭찬을 받고 싶었다.

두 사람은 창의적 과제나 답이 정해져 있지 않은 주관식, 논술보다는 학습지 스타일의 객관식 과제를 훨씬 더 좋아한다. 다른 사람에게 지적이나 비판을 받으면 눈물을 흘리기도 한다. 문제를 완벽하게 처리하지 못한데 대한 분노와 두려움을 표현하는 것이다. 그러면 선생님과 부모는 비판을 멈추고 그들을 달래느라 여념이 없다.

은주와 영수는 이러다가 성적이 계속 떨어지지는 않을지 계속 불안하다. 그러나 "그래, 너는 훌륭해!"라는 말만큼은 계속해서 듣고 싶다.

새로운 것을 두려워하는 엄살쟁이

지혜와 준서는 부모와 선생님, 친구들 가운데 진심으로 자신에게 귀를 기울여줄 사람을 찾고 있다. 요즘 들어 두 사람은 학교 공부가 매우 어렵다는 생각을 자주 한다. 친구들 역시 자신을 따돌리고 있는 것만 같다. 그래서일까. 언제부터인지 무슨 일이든 비관적으로 생각하게 되었다. 주위 사람들에게 자신의 능력을 확인받고 싶지만 뭔가를 새로 시작한다는 게 두렵기만 하다. 이에 대해 부모와 선생님은 지혜와 준서가 자긍심이 낮다고만 할 뿐 회피하는 기술을 사용하고 있다는 사실은 알지 못한다.

과잉보호를 받고 자란 아이

동수와 진희는 선생님으로부터 집중력이 부족하다는 얘기를 자주 듣는다.

아이가 초등학교에 입학하게 되면 대부분의 부모들은 아이에게 공부 방법을 알려주고자 노력한다. 이에 직접 숙제를 해주거나 도울 뿐만 아니라 아이들이 사춘기가 될 때까지 신발을 신겨주거나 머리를 감겨준다. 이를 사랑의 표현이라고 생각하기 때문이다.

부모들 역시 아이들이 스스로 노력함으로써 자신감 및 신뢰감이 형성된다는 사실을 잘 알고 있다. 하지만 이를 받아들이려고 하지 않는다. 아이들이 도움을 요청하기도 전에 먼저 도움을 주는 경우가 많기 때문이다. 하지만 이는 옳지 않다.

그렇게 자란 아이들의 경우 아주 작은 스트레스도 쉽게 이겨낼 수 없을 뿐만 아니라 불안한 감정 역시 이겨내려고 하지 않기 때문이다. 또한 자아 개념이 희박하고, 문제를 해결하고자 하는 의지 역시 없다. 문제가 생기면 도망쳐 버린다.

몸이 아프다며 관심과 도움을 청하는 아이

명수와 연미는 한때 몸이 자주 아파 주위 사람들의 극진한 보살핌과 동정을 받았다. 그때부터 두 사람은 도전해야 할 상황에 직면하거나 어른들이 자신들의 욕구에 관심을 보이지 않으면 습관적으로 도움을 청하곤 한다. 몸이 아프다고 호소하여 어른들의 사랑과 도움을 청하는 것이다.

친구들로부터 따돌림을 받는 아이

유리는 학교에서 따돌림을 당하고 있다. 그러다보니 학교에서 대부분의 시간을 혼자서 보낸다.

유리와 같은 아이들은 대부분 키가 작고, 뚱뚱하며, 비쩍 마른 경우가 많다. 이에 친구들의 놀림거리가 되곤 한다.

문제는 적지 않은 부모들이 이 문제를 제대로 인식하지 못한 채 아이의 사회성 부족만을 탓한다는 것이다. 하지만 친구들이 변하지 않는 한 유리의 의존성을 변화시킨다는 것은 매우 어렵다. 이에 유리의 의존성 역시 계속될 수밖에 없다.

항상 우울하고 의기소침해 하는 아이

경희는 최근 들어 매우 우울하고 의기소침해 있다. 자기 뜻대로 되지 않는 일이 많기 때문이다.

아이들은 부모, 선생님, 혹은 친구들을 자기 마음대로 다룰 수 없다고 느낄 때 무력감을 갖는다. 그 이유가 무엇이든 증상은 매우 비슷하다. 슬픔, 눈물, 과다 수면, 불면증, 폭식, 거식, 비활동 등등….

이런 아이들은 주로 밤에 활동하는 습성이 있다. 심지어 스스로를 야행성이라고 부르며, 말똥말똥 깨어 있는 밤에 학교에 갈 수 없음을 매우 불행하게 생각한다. 그렇다고 깨어있는 동안 공부를 열심히 하는 것도 아니다. 텔레비전을 보거나, 컴퓨터 게임을 하며, 인터넷이나 휴대폰을 이용해 친구들과 이야기를 나누는 것이 고작이다. 그러다 보니 잠을 제대로 자지 못한 채 학교에 가는 경우가 많아 학교에서는 종일 잠을 자거나 졸기 일쑤다.

이런 아이들은 반드시 전문가의 도움을 받아야 한다. 부모나 선생님이 다룰 수 있는 정도를 이미 넘어섰기 때문이다.

의존적인 아이들의 특징

말했다시피, 의존적인 아이들은 은밀하고 무의식적인 방법으로 다른 사람들을 조종한다. 그 대상은 주로 자신들의 요구를 거절하지 못하는 사람들이다. 이에 부모와 선생님의 경우, 자신이 아이들에 의해 조종당하고 있다는 사실을 알면서도 그냥 내버려두곤 한다. 하지만 이는 옳지 않다.

진정한 사랑은 아이들에게 어느 정도의 스트레스를 경험하게 하는 것이다. 물론 아이들이 도움을 요청할 때 역시 무시하지 않아야 한다.

나비는 고치를 뚫고 나올 때 작은 구멍으로 몸을 비비면서 나오기 때문에 매우 고통스럽기 그지없다. 그렇다면 가위로 고치의 구멍을 크게 뚫어 나비가 쉽게 나올 수 있도록 해주면 어떻게 될까. 나비는 곧 죽고 만다. 고치를 뚫고 나오는 고통을 겪지 않아 날개에 힘이 없기 때문이다.

아이들 역시 마찬가지다. 끊임없는 인내와 노력을 통해 숨어 있는 능력을 계발할 수 있는 기회를 줘야 한다. 이런 과정을 통해 자기 자신을 신뢰할 수 있을 뿐만 아니라 자신감 역시 크게 향상시킬 수 있기 때문이다.

그런 점에서 적절한 스트레스는 그것을 극복해낼 수 있는 힘이자, 성장의 밑거름이 된다는 사실을 명심해야 한다.

'도와주세요'라는 말을 입에 달고 산다

집이나 학교에서 끊임없이 도움을 요청하는 아이들이 있다. 과연 그럴 때마다 아이들을 도와줘야 할까. 그렇지 않다. 아이가 할 수 있는 일은 스스로 할 수 있도록 해야 한다.

의존적인 아이들은 말보다는 도움을 청하는 모습을 통해서 주위 사람들이 자신을 인지할 수 있도록 한다. 눈물을 흘리거나, 불쌍한 표정을 짓거나, 스트레스를 받는 표정을 짓는 것이 바로 그것이다. 또 손을 깨물거나, 창밖을 응시하기도 하며, 연필을 떨어뜨리기도 한다.

간혹 부모와 선생님들 가운데 이런 아이들의 요구를 자신이 알아차린 것을 매우 뿌듯해 하는 경우가 더러 있다. 그러나 그것이 과연 아이들에게 정말 필요한 것이었는지, 나아가 관심을 구하는 표시는 아니었는지 잘 생각해볼 필요가 있다. 아이의 욕구에 섬세하게 대응하는 것과 과잉보호하는 것에는 적지 않은 차이가 있기 때문이다.

행동이 매우 느리다

의존적인 아이들은 행동이 매우 굼뜨다. 이에 참다못한 부모나 선생님이 '지금 당장 공부를 해야 한다'는 사실을 아이에게 말하곤 한다. 하지만 이것도 잦으면 잔소리가 된다.

부모는 아이들이 공부를 하지 않으면 공부를 해야 한다는 사실을 잊어버렸다고 생각한다. 그래서 '숙제해라', '공부해야지'라며 끊임없이 잔소리를 하곤 한다. 그러나 잔소리는 절대 효과가 없다는 것을 알아야 한다. 오히려 의존성만 키울 뿐이다.

새로운 경험을 기피한다

의존적인 아이들은 새로운 경험을 피하기 위해 부모에게 두려움을 호소한다. 때문에 새로운 친구를 만나거나, 새로운 장소에 가거나, 새로운 학문에 도전하기를 매우 꺼린다. 때때로 사춘기 아이들 중에는 이런 두려움을 당황스럽다고 표현하는 경우도 있다.

부모가 보호할수록 아이들의 이런 도피 행동은 더욱 심해질 뿐이다. 따라서 아이에게 두려워할 이유가 없다는 사실을 깨닫게 해줘야 한다.

불쌍한 척 보이려고 한다

주위를 살펴보면 불쌍한 척 보이려는 아이들이 간혹 있다. 그렇게 하면 주위 사람들이 자신에게 많은 관심을 갖는다는 사실을 잘 알고, 이를 이용하는 것이다.

아이들이 아프다며 학교에 가지 않으려고 하거나 숙제를 하지 않으려고 할 때가 간혹 있다. 과연 그 이유는 뭘까. 배가 아파서? 스트레스 때문에? 부담이나 걱정이 많아서? 과제에 대한 변명이나 부담 때문에?

'난 불쌍해요'라는 속임수는 이런 문제들의 사실관계를 밝히거나 고치려고 노력하는 것 자체를 어렵게 만든다.

이렇듯 아이가 가진 신체적인 문제와 고통은 학교나 집에서의 스트레스에 대한 도피의 수단으로 이용될 수 있음을 알아야 한다. 따라서 이를 잘 파악한 후 아이의 독립성을 키워주는데 초점을 맞추는 것이 좋다.

부모의 사랑을 확인하려고 한다

부모의 사랑과 애정을 항상 확인하고 싶어 하는 아이들이 있다. 그들은 눈물로 애정을 호소한다. 문제는 힘들고 어려운 일에 부딪쳤을 때 역시 이를 회피하기 위한 수단으로 이를 사용한다는 것이다. 이 경우 아이들은 "엄마, 나 사랑하지?"라며 반복적으로 똑같은 질문을 계속 던진다. 이에 엄마는 아이에게 자신의 사랑을 확신시켜주곤 한다. 그렇다면 과연 아이들이 이런 행동을 하는 이유는 뭘까.

자신의 무책임한 행동을 무마시키기 위해서다. 따라서 엄마는 아이가 불안해하지 않도록 할 필요는 있지만 때로는 이것이 속임수에 불과하다는 것을 알아야 한다.

초등학교 1학년인 현수는 선생님이 쓰기 숙제를 하라고 하자 학교에서 도망치고 말았다. 엄마는 그런 현수를 끌어안으며 엄마의 사랑을 확인시켜 주었다. 뿐만 아니라 "네가 잘못한 것이 아니라, 선생님의 요구가 너무 무리한 것이었다며, 오히려 현수를 비호하고 나섰다. 이에 현수는 잘못된 행동을 하고도 자신이 엄마로부터 사랑을 받고 있다고 생각했다. 나아가 자신의 잘못된 행동을 수정할 필요성을 전혀 느끼지 못했다.

때로는 부모가 중요하게 생각하는 것이 무엇인지 아이에게 강력하게 전달할 필요가 있다. 힘들어 한다고 해서 마냥 위로만 해줘서는 절대 안 된다.

자꾸 의지하려고 한다

한 쪽 부모가 무서우면 아이들은 다른 쪽 부모를 피난처로 삼는다.

예를 들면, 엄하고 무서운 아빠가 돌아오기 전에 방 청소를 해야 하는데 아직 시작도 하지 않았다고 해보자. 옆에서 이를 지켜보는 엄마는 아이에게 먼저 주의를 줄 것이다. 그래도 하지 않으면 잔소리를 한다. 그리고 마침내 아빠가 돌아올 시간이 되면 아빠로부터 아이를 보호하기 위해 아이대신 청소를 해준다.

이렇듯 아이들은 한 쪽 부모의 이성적 요구로 인해 다른 쪽 부모에게 의존하는 패턴을 학습하게 된다. 나아가 이는 다른 쪽 부모의 보호와 사랑을 확인하지 않으면 학습을 하지 않으려는 결과를 낳게 된다.

이기려고만 하는
아이들의
유형과 특징

자신이 잘하는 것만 최선을 다한다

매사에 항상 이기려고만 하는 아이들은 적어도 한 분야(자신이 잘하는 것)에서 만큼은 매우 경쟁적이다. 하지만 자신이 잘하지 못하는 분야의 경우 일찌감치 포기하거나 최선을 다하지 않는 경우가 대부분이다. 자신의 위상을 세울 수 있는 분야를 제외하고는 다른 것에는 전혀 관심이 없기 때문이다. 나아가 자신의 재능을 인정하지 않는 사람들의 말 역시 듣지 않으려고 한다. 반면, 친구들에게는 매우 강력한 영향력을 행사한다.

특히 이런 아이들은 능력에 비해 비현실적으로 높은 목표를 세운다. 프로야구 선수, 올림픽 국가대표 선수, 유명한 피아니스트, 인기 영화배우, 백만장자, 대통령 등등…. 하지만 이런 목표들은 구체성이 결여되어 있기 때문에 막연한 것에 지나지 않는다.

이기려고만 하는 아이들의 유형은 다음과 같다.

공부보다 인기관리에 더 신경 쓰는 아이

고등학생인 미희와 용수는 친구들 사이에서 인기가 매우 높다. 뿐만 아니라 두 사람 모두 친절하고 매너가 좋아 선생님으로부터도 많은 사랑을 받고 있다. 학생회 활동 역시 활발히 하고 있다. 하지만 그들에게도 문제가 있다. 자신이 리더가 아닌 일에는 큰 흥미를 느끼지 못한다는 것이다.

두 사람의 부모는 그들이 아주 어렸을 때부터 공부보다는 친구들을 많이 사귀도록 격려했다. 그래서인지 두 사람 모두 공부에는 그리 관심이 없을 뿐만 아니라 공부를 즐기는 사람 역시 좋아하지 않는다.

미희와 용수의 인기는 대학 입시에서는 더 이상 가치가 없다. 이에 언젠가는 틀림없이 실패를 맛보게 될 것이고, 그로 인해 과거의 영광을 그리워하게 될 것이 틀림없다. 나아가 그 영광을 되찾기 어렵다는 사실을 알게 되면 좌절할 것이 틀림없다.

자신의 재능을 지나치게 과시하는 아이

간혹 특별한 재능(스포츠·예술 등)을 가진 아이들이 있다. 그들은 그 재능 때문에 일찍부터 주목을 받으며, 친구나 선생님, 다른 사람들의 부러움의 대상이 되곤 한다. 그리고 이내 그들이 보내는 박수에 중독되고 만다.

문제는 그런 아이들일수록 학교 공부는 그리 중요하게 생각하지 않는다는 것이다. 이에 운동선수에게 주는 장학금 및 연기 공부, 음악, 미술 등 학업을 진행하는 데 있어 필요한 최소한의 성적을 유지한 채 그럭저럭 학창시절을 보내는 경우가 많다.

그들 중 몇몇은 프로야구 선수가 되거나 영화배우, 가수, 음악가 등 유명한 사람이 될 수도 있다. 그러나 대부분은 지금까지 단 한 번도 만나지 못했던 훨씬 뛰어난 재능을 가진 경쟁 상대들을 만나 좌절하고 절망하게 된다. 비로소 실패를 맛보게 되는 것이다. 그 결과, 인생을 목적 없는 것, 실패와 실망으로만 가득 찬 것이라고 생각하게 된다.

자신을 특별하다고 생각하는 아이

초등학생 나이에 대입자격 검정고시에 우수한 성적으로 합격한 아이들과 면담을 실시한 적이 있다. 그들은 초등학교 저학년 때부터 학교 공부가 너무 시시하고 재미없어서 학교를 다니면서 검정고시를 준비하거나 학교를 아예 그만 두고 학원에 다녔다고 한다. 그리고 아주 우수한 성적으로 중·고등학교와 대학교 입학 자격 검정고시에 합격했다. 그 후 수학능력시험도 치렀지만 몹시 실망하고 말았다. 비록 성적은 상위권에 속하기는 했지만 자신들이 원하는 학교를 지망하기에는 점수가 턱없이 모자랐기 때문이다. 그렇다고 다시 중·고등학교로 되돌아갈 수도, 다시 수능시험을 준비할 의욕도 나지 않았다.

문제는 그때부터 마음이 불안해지기 시작했다는 것이다. 이에 더 이상 자신이 특별하다고 생각하지 않게 되었다. 의미 있는 것은 이제

아무것도 없었다. 목적이 사라졌기 때문이다. 그제야 진정한 자신의
모습을 형성해야 할 어려움에 부딪친 것이다.

반항적인 아이들의 유형과 특징

다른 사람의 말은 전혀 듣지 않으려고 한다

학습 부진아 중 가장 확실하면서도 가장 고치기 어려운 유형이 바로 반항적인 아이들이다. 스스로 도움을 요청하지 않을 뿐만 아니라 자신의 문제를 가족, 학교, 사회 환경 탓으로 돌리기 때문이다.

일단, 반항적인 아이들은 어른들이 정해놓은 목표를 거부하며, 다른 사람들의 말을 전혀 듣지 않고, 자기 생각대로 살아간다. 또한 선생님이 자신을 싫어한다고 생각하며, 주위 사람들을 지배하지 않으면 무력감을 갖고 의기소침해 한다. 때때로 폭력을 행사하기도 한다. 하지만 자신의 감정을 조절할 수 있게 되면 우수한 성취자나 리더가 될 수도 있다.

반항적인 아이들은 부모와 선생님에게 극심한 스트레스를 준다.

특히 어떤 아이들은 겉으로는 매우 냉정하고 강한 것처럼 보이지만, 내적으로는 많은 부담을 느끼며 억압되어 있는 경우가 많다.

반항적인 아이들의 유형은 다음과 같다.

부모와 선생님을 이용하려고 하는 아이

한쪽 부모를 이용해 다른 쪽 부모의 권위를 무너뜨리는 아이들이 여기에 해당한다. 심지어 고모, 삼촌, 조부모와 연합해 부모에 대항하기도 하며, 학교에 대항하기 위해 부모에게 협력을 요구하기도 한다. 이런 동맹을 통해 한쪽 부모나 학교에 반항하는 것이다.

이런 아이들은 자신들을 더 이상 아이가 아닌 어른이라고 생각한다. 이에 부모는 물론 주위 사람들로부터도 어른으로 취급받고 싶어 한다. 이에 부모나 선생님이 자신을 억압한다고 생각하며 분노하기도 한다.

친구들 위에 군림하려 하고, 친구를 이용하기도 한다. 단, 자신이 친구로 인정한 아이들에게 만큼은 친절하고 우호적이다. 하지만 부모나 선생님은 결코 자신의 편이 아니다.

이들은 다른 사람을 이용할 수 있을 때만 자신감을 갖는다. 때문에 패거리를 만들거나 심하면 폭력 집단에 빠져 분노를 폭발시키기도 한다.

자신만의 방식으로 모든 것을 해결하려고 하는 아이

창의적인 아이들은 대부분 일찍부터 남과 달라야 한다는 말을 많이 듣는다. 부모 역시 스스로 그렇게 행동하면서 아이의 창의성을 신

장시키기 위해 노력한다. 특히 이런 아이들은 매우 창조적이며, 지능
또한 평균 이상인 경우가 많다.

특히 이런 아이들은 자신만큼 창의적인 친구를 발견할 수 없기 때
문에 심한 외로움을 느끼기도 한다. 또 창의적인 친구에게 매료되기
도 하지만 동시에 그들과 다르고자 하는 욕구 때문에 경쟁심을 갖기
도 한다.

문제는 선생님이 요구하는 대로 숙제를 하지 않고 자신만의 방식
으로 하려고 한다는 것이다. 수학문제를 풀 때도 정답에 이르는 수많
은 방법 중 가장 간단하고 효과적인 방법을 찾기 위해 노력한다.

하지만 선생님이 독창성과 재능은 인정할 수 있지만 규칙에 따라
행동하지 않는 것을 수용하기가 쉽지 않다는 것이다. 이에 각종 시험
에서 좋은 점수를 얻지 못하는 경우가 많다.

파괴적이고 폭력적인 아이

폭력적인 아이들은 집과 학교 환경을 일찍부터 지배하게 된다. 그
리고 떼쓰기와 싸움과 같은 파괴적 행동으로 엄마 아빠 및 가족 모두
를 통제한다.

하지만 학교에서는 이것이 불가능하다. 이에 최초로 좌절을 경험
하게 되고, 이는 곧 문제 행동으로 나타나게 된다. 문제는 그 원인이
자신이 아닌 다른 사람들에게 있다고 주장한다는 것이다. 이에 그들
이 공격적이라는 사실이 점차 알려지게 되고 선생님과 친구, 심지어
부모조차도 비난받아 마땅하다고 생각하게 된다.

유치원과 초등학교 시절에는 부모와 학교가 협력하여 이런 문제를

쉽게 고칠 수 있다. 하지만 사춘기에 접어들면 매우 힘들질 수 있다.

산만하고 충동적인 아이

에너지가 넘친 나머지 교실 분위기를 망가뜨리는 아이들이 있다. 그들의 넘치는 에너지는 유전적 또는 생화학적 원인에서 비롯되기도 하지만 산만한 가정환경에서 생겨날 수도 있다. 또 부모가 행동의 한계를 분명히 가르치지 못해 생길 수도 있다. 즉, 부모가 아이를 대하는 태도에 일관성 없기 때문이다.

일반적으로 이런 아이들의 부모는 상상할 수도 없는 감정적인 방법으로 아이에게 화를 내고, 매질을 하며, 소리를 지르기도 한다. 그러고 나서 자신이 이성을 잃고 화를 낸 것에 대해 아이에게 사과를 한다. 하지만 이런 행동은 아이를 더욱 혼란스럽게 만들 뿐만 아니라 충동적인 행동을 하게 만드는 원인이 된다.

반항적인 아이들의 특징

반항적인 아이들은 부모의 기분이나 약점 등을 감지하는 데 있어 전문가 못지않는 능력을 발휘한다. 눈물과 울분, 의기소침한 행동을 통해 부모를 자기 마음대로 조종하기 때문이다.

끊임없는 칭찬과 관심을 필요로 한다

반항적인 아이들은 주위 사람들의 칭찬과 관심을 원한다. 이에 칭찬과 박수를 받지 못하면 쉽게 좌절하고 실망하는 경우가 많다. 예를 들면, 딸만 있는 집에 남동생이 태어났다고 해보다. 그렇게 되면 딸아이는 더 이상 관심을 받지 못할 가능성이 높다. 이에 아이는 관심을 끌 수 있는 방법을 찾으려고 할 것이다.

하지만 무조건적인 칭찬과 관심은 좋은 방법이 아니다. 아이들이 칭찬과 박수를 받을 때는 잘 적응하지만 관심을 충분히 받지 못한다고 생각하면 곧바로 반항하기 때문이다.

비판을 받게 되면 복수할 방법을 찾는다

반항적인 아이들은 부모를 자기 마음대로 조종하려다가 실패하면 화를 내거나, 눈물을 흘리며, 때로는 폭력적인 행동까지 서슴지 않는다. 또 주위 사람들이 자신을 비판하면 복수할 방법을 찾는다. 나아가 공격적인 아이는 싸움도 불사하지만 힘이 약한 아이는 뒤에서 욕을 하거나 비판을 함으로써 자신의 고통을 되갚아주고자 한다. 특히 이런 아이들은 자신에 대한 비판 자체를 부당하다고 생각하는 경우가 많다.

다른 사람에 비해 자신이 우월하다고 생각한다

반항적인 아이들은 항상 지배하고 이기기를 원하며, 상대를 패자로 만들어 자신이 우월하다는 것을 자랑하려고 한다. 이에 자신이 이길 수 있다고 믿으면 끝까지 도전한다. 그렇게 함으로써 자신에게 힘이 있음을 믿게 하는 것이다.

소유욕이 강하고, 성격이 급하다

반항적인 아이들의 물질적 소유에 대한 바람은 끝이 없다. 또 모든 것이 그 즉시 이루어져야 한다. 그렇지 않으면 화를 내며, 자신의 요구가 이루어지지 않았기 때문에 화를 내는 것이라며 이를 정당화하기 때문이다. 나아가 요구를 들어주면 고맙다고 말하지만, 대부분은 고맙다는 말조차 하지 않는다.

이런 아이들은 '배가 고프다'는 말이 떨어지자마자 밥상을 대령하는 것이 당연하다고 생각한다. 이에 그 즉시 식사를 할 수 없게 되면 화를 내고, 오래 걸리지 않아 식사가 준비되어도 끝까지 먹지 않으면서 상대방을 골탕 먹인다.

친구를 독점하려고 한다

"저는 누군가와 아주 친해지고 싶고, 그들을 믿고 싶어요. 또 아주 특별한 친구를 원해요."

이런 유형의 아이들은 동성이나 혹은 이성 친구가 다른 사람들과 친해지는 것을 매우 싫어한다. 친구를 독점하려고 하기 때문이다. 이에 의견 차이를 배신으로, 다른 친구와의 우정을 불신으로, 개성을 반대로 여긴다. 나아가 타인과의 관계에서 항상 자신이 더 많은 힘을 갖기를 원하기 때문에 다른 사람들을 지배하려는 경향이 있다.

문제는 친구를 통제하려는 강한 욕구다. 이로 인해 친구들이 결국 저항하고 떠나기 때문이다. 그 결과, 친구를 원하면서도 친구를 갖기 어려운 사람이 되고 만다.

자신을 독특한 사람이라고 생각한다

간혹 남과 다른 그룹에 속하거나, 어떤 그룹에도 속하지 않은 채 특별한 사람이 되기를 원하는 아이들이 있다. 그들은 스스로를 매우 독특한 사람이라고 생각한다. 그 결과, 주위 사람들의 관심을 불러일으킬만한 일을 함으로써 독특한 사람이 되는 결과를 낳기도 한다. 이는 자신이 매우 창의적이고, 뛰어난 리더라고 착각하는 아이들의 특성이기도 하다.

원하는 것을 얻기 위해 부모와 어른들을 조종한다

이는 부모를 지배하려는 아이들의 가장 전형적인 부모 조종법이다. 이런 아이들은 일찍부터 뭔가를 얻어내지 않고서는 '안 돼'라는 말을 절대 받아들이려고 하지 않는다. 하지만 그 방법은 매우 다양하다.

어떤 아이는 즐거운 모습으로 엄마 아빠를 설득하는 반면, 어떤 아이는 처음부터 화를 내기도 한다. 또 어떤 아이는 자신이 원하는 것을 모두 얻기 위해 부모를 밀어붙이기도 한다. 이때 만일 부모 중 한 사람이 거절하면 다른 쪽 부모나 할아버지, 할머니를 통해서라도 원하는 것을 얻어내고야 한다.

자신의 요구와 주장에 부모가 반응하지 않으면 아이는 좌절과 분노를 느낀다. 이에 계속해서 부모와 선생님, 그리고 사회적 한계를 넘어선 밀어붙이기를 강행하게 된다. 때문에 이런 아이들에게 있어 한계란 존재하지 않는 것과도 같다. '과연 내가 어디까지 밀어붙일 수 있을까?'란 사실만이 존재할 뿐이다.

중요한 것은 어른들을 조종하는 횟수가 얼마나 많은지 또 위험과 책임감으로부터 피하려는 의도는 없는지 확인해야 한다는 것이다.

그러기 위해서는 어른들을 조종하는 것이 반드시 필요한 것인지, 아
니면 단순한 조종에 지나지 않는지부터 파악할 필요가 있다.

PART. 5
어떻게 하면
공부를
잘할 수 있을까

공부를 잘하려면 주위 사람들의 도움이 필요하다

부모와 선생님, 아이가 하나가 되어야 한다

학습 부진을 극복하는 최선의 지름길

바람직한 역할모델을 제시하라

선생님에게 부족한 학습 도움받기

■■■■ 자신의 능력을 충분히 발휘하지 못하는 의존적인 아이들 역시 주위의 도움만 있으면 얼마든지 열심히 노력하는 아이로 바뀔 수 있다. 하지만 거기에는 몇 가지 전제조건이 필요하다. 부모와 선생님의 꾸준한 의사소통 및 아이에 대한 기대치 높이기, 바람직한 역할모델 제시하기, 부족한 기초 학습 기능 습득하기 등의 4단계를 거쳐야만 하는 것이다.

공부를 잘하려면 주위 사람들의 도움이 필요하다

아이가 공부를 잘하려면 주위 사람들의 도움이 반드시 필요하다

나는 어린 시절 IQ에 비해 학업 성적이 그다지 좋은 편이 아니었다. 특히 막내였던 탓에 과잉보호를 받으며 자랐다. 그래서 부모님으로부터 야단 한 번 맞아본 적이 없다. 떼를 쓰고 못되게 굴어도 그냥 바라보기만 하셨다. 그러다보니 가끔 언니들이 부모님을 대신해 야단을 치기도 했다. 그러나 그것도 아주 가끔일 뿐이었다.

초등학교 시절에는 '왜 공부를 해야 하는지'에 대해서 몰랐다. 더욱이 수업시간에 마구 떠들어서 수시로 선생님께 꾸중을 듣곤 했다. 이에 초등학교 4학년 성적표를 보면 '주의가 산만하다'는 말이 적혀 있을 정도다.

공부에 흥미가 없던 나는 학교에서 집에 돌아오면 책가방을 내팽

개치고 만홧가게로 부리나케 달려가곤 했다. 그리고 저녁에 언니가 찾으러 와야만 일어났다. 방학 숙제는 당연히 개학 전 날 언니들이 하룻밤 만에 모두 해결해줬다. 준비물 역시 언니들 몫이었다. 특히 학교에 내야 하는 돈은 어디다 흘렸는지도 모르는 경우가 많아 늘 언니들이 대신 내주곤 했다.

중학생 때 별명은 '멍병'이었다. '멍'하니 창밖만 내다보는 병에 걸렸기 때문이다. 또한 친구와 떠들다가 선생님께 손바닥을 맞는 일도 부지기수였다.

하지만 나는 이렇듯 의존적이면서도 지배적인 학습 부진을 극복하고 당시로서는 일류 학교인 경기여고에 입학하였다. 내가 다니던 중학교에서도 일 년에 고작 한두 명 정도가 입학하던 명문학교였다. 그러니 사람들이 놀라워하는 건 당연했다. 그렇다면 그다지 성적도 좋지 않았던 내가 그 학교에 입학할 수 있었던 비결은 과연 뭘까.

그런 성취가 가능했던 이유는 크게 4가지다.

첫째, 좋은 역할 모델이 있었다.

나는 언제나 열심히 놀았지만 열심히 공부하는 언니들을 보면서 자랐다. 이에 '나도 언젠가는 언니들처럼 열심히 공부해야겠다'는 막연한 생각을 갖게 되었다.

부모님은 특별히 공부하라는 말씀은 하지 않으셨지만 하루하루를 성실하게 사시는 분들이었다. 아침에 일어나면 집안이 항상 깨끗이 청소되어 있었으며, 잠자리에 들 때까지 부모님이 먼저 주무시는 모습을 한 번도 본 적이 없다. 내가 숙제를 하는 동안 엄마는 늘 옆에서 조용히 일을 하셨다.

둘째, 내게 큰 기대를 갖고 있는 사람이 있었다.

중학교 2, 3학년 때 2년 동안 담임을 맡았던 선생님은 문제행동이 많고 개구쟁이였던 내게 큰 기대를 가지고 계셨다. 성취 가능성이 높다고 생각했기 때문이다. 이에 초등학교 때부터 단 한 번도 반장이나 부반장을 해보지 못했던 나는 선생님의 추천으로 3학년 초 전교 학생회 부회장에 출마, 당선되기도 했다.

셋째, 가족 모두의 바람이 있었다.

고등학교 진학을 고민할 무렵, 서울에 살던 큰언니가 내게 서울 유학을 권했다. 그러나 청주에서 함께 살던 넷째 언니는 "일류 고등학교가 아니면 유학은 생각도 하지 마라"며 단호하게 얘기했다. 늘 친구 같았던 언니였지만 그 한마디에 나는 밤을 새워가며 공부를 해야 했다. 잠을 제대로 자지 못해도 힘들다는 생각이 전혀 들지 않았다.

넷째, 당연히 해야 할 일을 했을 뿐이다.

중학교 3학년 때부터 점점 성적이 오르기 시작했다. 그러나 상을 타 와도 가족 중 누구 한 사람 칭찬을 하지 않았다. 엄마는 조용하고 따뜻했지만 별 말씀이 없었고, 언니들은 이미 늘 타던 상이었기 때문이다. 그러다가 경기여고 합격 후 집에 내려갔을 때 엄마가 문 밖에 나와 기다리다가 한 말씀하셨다.

"내 딸 장하다."

이것이 엄마에게 들은 처음이자 마지막 칭찬이었다. 이를 통해 나는 엄마가 무척 기뻐하고 계신다는 걸 충분히 느낄 수 있었다. 하지만 그날 우리 집에서는 파티는커녕 그 흔한 외식조차 없었다.

내 경험을 이렇게 장황하게 늘어놓는 이유는 자신의 능력을 충분히 발휘하지 못하는 의존적인 아이들 역시 주위의 도움만 있으면 얼마든지 열심히 노력하는 아이로 바뀔 수 있기 때문이다.

공부는 저절로 잘하게 되는 것이 아니다. 또 갑자기 잘하게 되는 것도 아니다. 학습 부진 현상을 고치기 위해서는 부모와 선생님 사이의 지속적인 의사소통 및 아이에 대한 기대치 높이기, 바람직한 역할모델 제시하기, 부족한 기초 학습 기능 습득하기 등의 4단계를 거쳐야 한다.

부모와 선생님,
아이가
하나가 되어야 한다

아이들이 자신의 능력을 충분히 발휘하지 못하는 문제를 극복하기 위해서는 부모와 선생님, 아이가 서로 하나가 되어야 한다. 서로의 긴밀한 협조와 의사소통 없이는 이를 개선할 수 없기 때문이다. 예를 들어, 부모와 선생님이 하나가 되면, 아이는 더 이상 빠져 나갈 변명거리를 찾지 못하게 된다. 이에 자신의 문제를 고치지 않을 수 없게 된다. 때문에 부모와 선생님의 긴밀한 협조와 의사소통은 매우 중요하다고 할 수 있다.

사실 선생님들은 과중한 업무로 인해 매우 바쁘다. 이에 보통 일 년에 2~5명 정도의 문제아를 교정할 계획을 세우되, 부모가 기꺼이 도울 마음이 있는 아이들부터 돕게 된다. 부모의 도움이 있어야만 성공할 가능성이 높기 때문이다.

초등학교 선생님의 경우 아이들과 일 년여 동안 함께 공부를 하는 반면, 과목별로 선생님이 나뉘어 있는 중·고등학교의 경우 그보다 더 짧은 시간을 아이와 함께 보내게 된다. 특히 중·고등학교 선생님은 문제아 외에도 수백 명의 아이들을 함께 가르치는 경우가 많다. 때문에 간혹 어떤 아이에게 문제가 있다는 사실을 알고는 있지만 그 원인을 제대로 이해하지 못하는 경우가 많다. 또 문제를 함께 해결하고 싶지만 시간이 부족하다.

더 큰 문제는 선생님이 아이들을 다루는 방법을 잘 모를 뿐만 아니라 그 필요성을 제대로 느끼지 못한다는 것이다. 대부분의 아이들의 경우 선생님이 가르치는 내용을 액면 그대로 받아들이기 때문이다. 이에 아이들의 학습 부진을 단순히 부모가 잘못 지도하거나 아이들의 개인적인 문제에서 비롯되었다고 생각하게 된다.

이렇듯 학교와 가정이라는 서로 다른 두 환경이 긴밀하게 협조하지 못할 경우 아이의 학습 부진을 오히려 더 심하게 만들 수 있다. 생각해보라. 선생님은 가정을 탓하고, 부모는 선생님을 탓하는데, 어떻게 학습 부진을 치유할 수 있겠는가.

그렇다면 선생님과 부모는 과연 어떤 방식으로 의사소통을 하는 것이 효과적일까.

선생님은 좀 더 전문성을 가지고 아이의 문제를 공식적이고 객관적으로 기록할 필요가 있다. 그 후 그 자료를 토대로 부모와 상담을 진행하는 것이 좋다. 아울러 상담이 너무 긴장된 상태에서 진행되지 않도록 해야 한다. 가장 중요한 것은 선생님 역시 아이의 부모 입장에서 편안하게 이야기해야 한다는 것이다.

선생님 주도로 아이를 도울 때

사실 아이들은 학습 부진의 유형에 따라 발전되어 가는 모습 또한 다르다. 예를 들면, 항상 누군가에게 의지하려고만 하는 의존적인 성향의 아이들의 경우 즉각적인 변화를 보일 수는 있지만 지속적이지 못하며 기복이 있다. 반면, 항상 이기려고만 하는 지배적 성향의 아이들은 처음에는 어떤 변화도 보이지 않는다. 오히려 방어적인 자세를 보이며 주위 사람들을 조종하려고 한다. 그러나 어른들이 단호하고 긍정적인 모습을 보이게 되면 마지못해서라도 자신이 해야 할 일을 시작하게 된다.

그렇다면 선생님 주도로 학습 부진아들을 도울 때는 어떻게 하는 것이 효과적일까.

우선, 부모와의 상담이 반드시 필요하다. 부모에게 아이의 현재 상태 및 문제점에 대해서 사실대로 얘기할 필요가 있기 때문이다. 이때 부모가 확실히 이해할 수 있도록 지능 검사 결과를 비롯해 학업 성적, 학업 성취도 검사 등 아이의 학습능력에 관한 객관적이고 공식적인 검사 결과를 함께 제시하는 것이 좋다.

선생님의 평가 역시 곁들여야 한다. 아울러 아이의 학습 부진 유형에 대해서 설명해주면 더욱 좋다. 중요한 것은 가정에서도 문제가 있는지 반드시 물어봐야 한다는 것이다. 부모가 아이의 문제점을 인정해야만 아이를 도울 수 있기 때문이다.

그 후 학교에서 아이를 어떻게 도우려고 하는지에 대해서 설명하고, 가정에서 도와줘야 할 점에 대해서 이야기를 나눈다. 이때 목표는 막연하게 높게 정하는 것보다 아이가 현재 성취하는 수준보다 약간

높게 정하는 것이 좋다. 나아가 당장의 결과보다는 노력이 중요하다는 사실을 강조할 필요가 있다. 아이 역시 목표를 성취하는 데서 오는 만족감을 느낄 필요가 있기 때문이다.

중요한 것은 부모에게 즉각적인 변화가 나타나기는 힘들다는 사실을 반드시 알려줘야 한다는 것이다. 아이 스스로 '노력하면 결과를 얻을 수 있다'는 사실을 인정하기 전까지는 계속 망설일 수도 있다는 점 또한 강조할 필요가 있다.

부모와의 대화 방법을 구체적으로 정하는 것 역시 필요하다. 매일 또는 일주일에 한 번씩 가정으로 아이에 대한 공식적인 기록을 담은 보고서를 보내는 것도 좋고, 전화로 이야기를 나눠도 좋다. 하지만 문제가 복잡할 경우에는 반드시 직접 만나서 대화를 나눠야 한다. 중요한 것은 어떤 방법을 사용하든 간에 아이가 보인 긍정적인 성과를 강조해야 한다는 것이다.

부모 주도로 아이를 도울 때

이 경우 선생님이 주도하는 것보다 훨씬 더 힘들다. 다른 아이들보다 자신의 아이에게 더 많은 관심과 시간을 할애해달라고 선생님에게 특별히 부탁을 해야 하기 때문이다. 그러나 변화를 주도해야 할 사람은 바로 부모다. 따라서 용기를 내야 한다.

그렇다면 부모 주도로 학습 부진아들을 도울 때는 어떻게 하는 것이 효과적일까.

이 역시 선생님과의 상담이 반드시 필요하다. 하지만 그에 앞서 아이의 지능 지수와 학교 성적을 객관적으로 비교할 수 있는 공식적인 자료를 준비해야 한다. 특히 지능 지수에 비해 학교 성적이 현저하게 떨어지는 자료 및 성적이 점점 나빠지고 있음을 보여주는 객관적인 자료라면 더욱 좋다. 그리고 상담을 통해 아이에게 합당한 기대치와 그 기대치에 도달하기 위해 반드시 필요한 노력의 정도를 결정해야 한다. 이때 부모는 선생님에게 학습 부진에 관한 책을 읽어 보라고 권할 수도 있으며, 반대로 선생님으로부터 전문 서적을 소개받을 수도 있다.

그렇다면 만일 선생님이 부모의 제안을 받아들이지 않을 경우에는 어떻게 해야 할까.

그다지 걱정할 필요 없다. 편지나 전화로 꾸준히 정보를 제공할 수 있기 때문이다. 중요한 것은 그 다음이다. 선생님이 답을 해줄 때까지 무작정 기다려서는 안 된다는 것이다. 그럴 때는 곧바로 두 번째 상담을 진행하는 것이 좋다. 그래야만 선생님 역시 부모의 진심을 알게 되고, 아이를 변화시키기 위한 계획에 본격적으로 동참하게 되기 때문이다.

이렇듯 가정에서 양육방식을 개선하고, 학교에서 조금만 도와준다면 아이는 충분히 변할 수 있다. 실제로 많은 선생님과 부모들이 가정의 양육방식 변화가 아이들에게 큰 변화를 가져왔다고 말하곤 한다. 가장 큰 변화를 보이는 부분은 바로 자아 개념이다.

성취하는 아이들은 대부분 높은 자존감을 갖고 있다. 따라서 학습 부진아를 둔 부모들일수록 아이 스스로 자존감을 높일 수 있도록 적극 도울 필요가 있다. 이것이 바로 학습 부진을 극복할 수 있는 핵심이기도 하다.

학습 부진 극복의 핵심은 아이의 자존감을 높이는 것

이렇듯 부모와 선생님은 정기적이고 지속적인 상담 및 연락을 통해 아이의 학업 성취도를 높이기 위한 다양한 방법을 논의할 필요가 있다.

특히 아직 학습 태도 및 학습 습관이 길들여지지 않은 초등학교 1학년 아이들의 경우에는 매일 성취한 것을 함께 되짚어볼 필요가 있다. 그러나 아이가 2학년 이상일 때는 상담 간격을 일주일 단위로 늘리는 것이 좋다. 그렇게 해서 아이의 학습 태도가 안정될 때까지 만남을 계속 갖되, 학습 태도가 어느 정도 안정되면 만남의 간격을 조금씩 늘려가는 것이 좋다. 이를 통해 아이는 자신의 학습 목표를 분명히 할 수 있다.

이때 유의해야 할 점은 선생님이 아이와 부모에게 학습 진행 상황을 계속해서 알려줘야 한다는 것이다. 그래야만 서로가 더욱 신뢰할 수 있기 때문이다.

학습 부진을
극복하는
최선의 지름길

아이의 잠재능력을 인정하고 성취 수준을 높여라

학습 부진을 극복하는 데 있어 가장 중요한 것은 주위 사람들이 아이의 잠재능력을 인정하고 성취 수준을 높이는 것이다. 아이 스스로나 주위 사람들이 아이의 능력에 대해 높은 기대를 갖고 잘해낼 수 있다는 믿음을 갖는 것이야 말로 학습 부진을 극복할 수 있는 최선의 지름길이기 때문이다.

노력 후의 결과를 아이 스스로 경험하게 하라

그렇다면 어떻게 하면 아이들의 성취 수준을 향상시킬 수 있을까.

우선, 아이들에게 적절한 성취 수준을 끊임없이 상기시켜줄 필요가 있다. 나아가 아이 스스로 의욕을 다질 수 있도록 끊임없이 격려해줘야 한다. 또한 목표를 갖고 열심히 노력하면 반드시 성취할 수 있다는 믿음을 심어주는 것 역시 필요하다. 이에 아이가 학습능력에 자신감이 떨어진다면 지적 능력이 우수하다는 사실을 반드시 알려줄 필요가 있다. 그러면 아이는 자신도 잘해낼 수 있다는 자신감을 갖게 된다. 나아가 변화를 위해서 노력하는 모습에 칭찬과 격려 역시 아끼지 않아야 한다. 나름대로 열심히 노력해도 눈에 보이는 성과가 없거나 주위 사람들의 인정과 격려가 없을 경우 금방 무기력해지고 절망에 빠질 수도 있기 때문이다. 그렇다고 해서 지나치게 칭찬해서는 안 된다. 그럴 경우 오히려 부담을 느낄 수 있기 때문이다.

실례로, 어떤 아이는 자신의 성적을 보고 부모가 너무 기뻐하자 불안과 걱정이 앞섰다고 말하기도 했다. 앞으로도 계속 이 성적을 유지해야 한다는 압박감 때문이었다. 또 어떤 아이는 자신의 성적을 보고 부모가 매우 흥분하자 다소 의외라고 느끼는 것 같아 오히려 기분이 나빴다고 말하기도 했다. 이는 아이의 성적에 대한 부모의 지나친 반응은 아이의 내적 통제력과 자신감을 오히려 약화시킬 수도 있음을 말해준다.

사실 학습 부진을 극복하기 위해서 가장 좋은 방법은 공부를 열심히 했을 때 과연 어떤 일이 일어나는지 아이 스스로 경험하게 하는 것이다. 이에 부모와 선생님은 적합한 성취 수준을 제시해주고 시간 계획만 세워주면 된다.

부모가 일관성 있는 모습을 보여라

대부분의 부모들은 아이의 능력과 상관없이 일정한 수준 이상의 성취를 하기를 바란다. 그렇다면 그 기준은 과연 무엇일까.

부모가 아이에게 거는 기대는 아이의 능력을 근거로 삼는 경우가 대부분이다. 하지만 그 능력을 알아내는 완벽한 방법은 현재 존재하지 않는다. 그나마 기준으로 삼을 수 있는 것이 IQ, 즉 지능 지수다. 하지만 이것만으로는 뭔가 부족하다. IQ가 평균 이상일 경우 동기 및 학습태도, 의지, 노력 등이 더 중요한 역할을 하기 때문이다. 실례로, 단국대학교 특수교육학과 이해명 교수에 의하면, 나이가 들수록 동기가 성적에 미치는 영향이 크다고 한다.

그런 점에서 현재 성취 수준이 우수한 아이라면 지능 지수는 큰 의미가 없다. 즉, 지능 수준이 낮음에도 불구하고, 우수한 성취를 보인다고 해서 이를 의외의 성취라고 볼 수만은 없다는 것이다. 다시 말해서 지능 지수와 상관없이 아이가 높은 성취를 보였다면 그 아이는 이미 능력 있는 아이라고 할 수 있다.

성취 목표는 너무 높거나, 너무 낮아도 문제가 될 수 있다. 따라서 부모는 항상 현실적인 목표를 설정해줄 필요가 있다. 나아가 결과보다는 노력하는 과정을 강조하고, 과제를 잘하는 것보다는 끝까지 완수하는 것에 대해 칭찬과 격려를 아끼지 않아야 한다. 그러면 아이는 점수나 결과에 대해서 큰 부담을 느끼지 않게 되며 점점 더 성적이 오르게 된다.

중요한 것은 부모와 아이가 함께 성취 목표를 정하고, 이를 달성하기 위해 노력하는 과정에서 부모가 일관성 있는 모습을 보여줘야 한다는 것이다.

지능 지수에 따른 아이들의 성취 수준

① 지능 지수 100~110

평균적인 학습능력 보유. 적당한 동기만 있으면 '잘함' 정도의 성적을 받을 수 있다.

② 지능 지수 110~120

평균 이상의 학습능력 보유. '잘함' 정도의 성적을 받을 수 있다. 특히 초등학교에서는 좋은 학습태도만 갖는다면 매우 우수한 성적도 받을 수 있다.

③ 지능 지수 120 이상

우수한 수준의 학습능력 보유. '매우 잘함' 또는 '잘함' 정도의 성적을 받을 수 있다. 이 정도의 지능지수를 보유하면 지능이나 능력보다는 학습태도가 더 결정적인 역할을 한다.

④ 지능 지수 130 이상

매우 우수한 학습능력 보유. '매우 잘함' 또는 '잘함' 정도의 성적을 받을 수 있다. 하지만 특정과목의 경우 그 이하의 성적이 나올 수도 있다. 실제로 언어 수행능력이 탁월해 수학, 과학보다는 국어나 외국어 등에서 더 우수한 성적을 보이는 학생들도 다수 있다.

⑤ 지능 지수 145 이상

최고 수준의 학습능력 보유. 이는 가정에서 학교 성적을 중시하는 정도와 훈육방법에 따라 달라진다. 방임주의의 가정에서 자란 경우 성적이 나쁘고, 태도가 불량해 문제아가 될 수도 있는 반면, 학교 성적을 중시하는 가정에서 자란 경우 상위 10% 내에 드는 경우가 많다.

가정을 협조적인 분위기로 이끌어라

성취 목표를 정한 뒤에는 형제자매들에게도 이 사실을 반드시 알려야 한다. 각자의 위치에서 최대한 아이를 도울 수 있어야 하기 때문이다. 중요한 것은 이때 섭섭한 감정이나 질투를 느끼는 형제자매가 없는지 반드시 확인해야 한다는 것이다. 만일 그런 형제자매가 있다면 잘 이해시키는 것이 필요하다. 부모가 한 아이에게만 관심을 기울이면 상대적으로 다른 아이의 성적이 떨어지거나 문제 행동을 일으킬 수도 있기 때문이다. 따라서 부모는 평소에 가정을 화목하고 협조적인 분위기로 이끌 필요가 있다.

선생님의 기대와 관심이 반드시 필요하다

선생님의 기대야말로 학습 부진아의 변화에 가장 결정적인 영향을 미친다.

사실 선생님은 아이의 능력보다는 그때까지 아이가 보인 성적에 더 많은 관심을 갖고 있는 경우가 많다. 가정이나 학교 환경이 변하지 않을 경우 지금까지의 성적이 앞으로의 성취 가능성을 예언해주는 가장 효과적인 지표가 되기 때문이다.

중요한 것은 선생님이 얼마나 기대하느냐에 따라 아이의 성취가 달라질 수 있다는 점이다. 이에 선생님이 아이의 학습 능력을 파악할 때 지능 지수를 어느 정도 참고할 필요는 있지만 그것을 능력의 절대치로 생각해서는 안 된다.

선생님은 언제나 아이들에게 많은 기대와 희망을 보여줘야 할 필요가 있다. 하지만 아이들이 뛰어난 성취를 했다고 해서 과도한 반응을 보여선 안 된다. 또한 성취 과정에서 겪을 수밖에 없는 좌절에 대해서도 지나치게 개입하지 않는 것이 좋다. 역효과를 초래할 수도 있기 때문이다. 관심을 보이되, 능력에 맞는 적절한 성취를 보였을 때 가볍게 기뻐해주는 것이 가장 좋다.

간혹 선생님의 선입견으로 인해 아이가 치명적인 상처를 받는 경우가 있다. 특히 아이들은 선생님이 자신에 대해서 부정적인 생각을 갖고 있음을 알게 되면 의욕을 상실하고 자포자기하는 경우가 많다.

다음 사례는 선생님의 기대가 긍정적인가, 부정적인가에 따라 아이가 얼마나 변화할 수 있는지 단적으로 보여준다.

지원이라는 똑같은 이름을 가진 아이 둘을 지도하던 선생님에게 실제 있었던 이야기다.

한 명의 지원이는 수업시간에 매우 적극적이고 활발하게 참여하며 뛰어난 자신감과 성취 수준을 보이는 반면, 또 다른 지원이는 다소 불안해하고 소극적인 나머지 낮은 성취 수준을 보였다.

그러던 어느 날, '소극적인' 지원이의 부모가 상담을 위해 학교를 방문했다. 그런데 그만 선생님이 큰 실수를 하고 말았다. '적극적인' 지원이의 부모로 잘못 알고 상담을 한 것이다.

선생님은 지원이의 부모에게 지원이의 긍정적인 태도와 학습 습관에 대해서 끊임없이 칭찬했다. 그러나 곧 자신의 실수를 알아차렸지만 갑자기 상담 내용을 바꿀 수 없었기 때문에 계속해서 긍정적인 방향으로 상담을 진행했다. 그러면서 몇 가지 개선점을 덧붙였다. 그렇게 해서 지원이의 부모는 매우 만족해하며 집으로 돌아갔다.

그런데 다음 날, 놀라운 일이 일어났다. '소극적인' 지원이가 얼굴 가득 웃음을 머금고 의기양양한 태도로 나타난 것이다. 그때부터 지원이는 점점 더 자신감을 갖고 수업에 참여했으며, 성취 수준 역시 크게 향상되었다. 선생님이 실수로 보였던 긍정적인 기대가 '소극적인' 지원이를 '적극적인' 지원이로 변하게 한 것이다.

학습태도가 좋은 친구들과 어울리게 하라

친구들의 기대가 아이들의 성취에 미치는 영향 역시 매우 크다. 특히 초등학교 때보다는 중·고등학교 때는 훨씬 더 큰 영향을 미친다. 학습태도가 좋은 친구들과 어울릴 경우 성적을 향상시키기 위해 열심히 노력하는 반면, 반항적이거나 부정적인 학습태도를 가진 친구들과 어울리게 되면 공부에 관심을 기울이지 않기 때문이다. 특히 친구들이 공부에 큰 가치를 두지 않을 경우 공부를 하게 되면 오히려 따돌림을 당할 수도 있다.

부모는 아이가 좋은 친구들과 어울리기를 바란다. 하지만 아이들 세계에서는 한 번 어울리기 시작한 친구를 따돌리고 다른 친구와 어울린다는 게 거의 불가능하다. 따라서 부모가 아무리 다른 친구들과 어울리도록 권유해도 아이들은 이를 쉽게 받아들이지 않는다.

사실 아이들이 익숙한 친구들과 어울리면서 끈끈한 소속감을 갖고 싶어 하는 것은 어쩌면 당연한 일이다. 그러나 문제는 친구가 성취에 미치는 영향이 결코 작지 않다는 것이다.

그렇다면 어떻게 하면 아이들의 친구관계를 올바르게 이끌어줄 수 있을까.

가장 좋은 것은 여러 집단의 친구들과 골고루 어울릴 수 있도록 격려하는 것이다. 하지만 좋지 않은 친구들로부터 부정적인 영향을 계속 받고 있다면 전학 역시 고려할 필요가 있다. 하지만 변화가 너무 갑작스럽게 이루어져서는 안 된다. 갑작스런 환경 변화에 대해 아이가 의외의 반응을 보일 수도 있을 뿐만 아니라 계속해서 반항적이고 부정적인 친구들과 어울릴 수 있기 때문이다.

이성교제에 대한 부모들의 편견 역시 바람잡을 필요가 있다. 아직까지도 이성교제에 대해서 부정적인 생각을 갖고 있는 부모들이 많기 때문이다. 하지만 건전한 이성교제는 서로에게 높은 성취 동기를 부여할 뿐만 아니라 삶의 활력소가 된다는 사실을 알아야 한다.

바람직한 역할모델을 제시하라

아이들은 자신이 보고 배울만한 역할모델이 가까이에 있을 때 그들의 행동을 무의식적으로 닮으려는 경향이 있다. 이를 전문용어로 '동일시'라고 한다.

아이들에게는 누구나 자신에게 영향을 미친 중요한 사람이 한두 명쯤 있기 마련이다. 이에 그들로부터 생활습관 및 행동방식, 생활철학, 인생 목표 등을 배운다. 그 결과, 미래의 직업 역시 그 사람과 연관되어 있을 가능성이 높다. 때문에 아이들에게 있어 주위 어른들의 모습은 매우 중요하다.

학습 부진 현상을 극복하는 데 있어서도 역할모델과의 동일시는 매우 중요하다. 때문에 학습 부진아들에게 적절한 역할모델을 제시할 필요가 있다.

학습 부진아들은 탤런트나 가수, 스포츠 스타, 백만장자 등을 자신의 동일시 모델로 선택하곤 한다. 그런 사람이 되기 위해서는 얼마나 많은 노력을 해야 하며, 어떤 과정을 거쳐야 하는지에 대해서는 생각조차 하지 않고 막연하게 우상을 좇는 것이다. 이에 기술을 연마하거나 노력을 기울이기보다는 자신 속에 숨어 있을지도 모를 끼와 재능을 기적적으로 발견하길 기대한다.

물론 영웅에 대한 환상을 나쁘다고만 할 수는 없다. 문제는 환상이 현실을 지배하기 시작하면 더 이상 현실을 개선하려는 노력을 하지 않게 된다는 것이다. 이때 환상은 단지 책임을 회피하기 위한 변명에 지나지 않는다.

아이들이 보고, 배울만한 역할모델의 유형

아이들에게 가장 우선시 되는 역할모델은 당연히 부모다. 특히 부모가 긍정적인 사고방식을 갖고 있고 성취 지향적일 경우 역할모델로서 매우 이상적이라고 할 수 있다. 하지만 부모가 항상 지치고, 피곤해하며, 부정적인 모습만 보여줄 경우 절대 바람직한 역할모델이 될 수 없다. 따라서 부모는 항상 자신이 아이에게 어떤 모습으로 비쳐지는지 주의 깊게 생각해볼 필요가 있다. 나아가 자신의 열정과 노력이 아이에게 제대로 전달될 수 있도록 노력해야 한다.

형제자매를 역할모델로 삼는 아이들도 있다. 대부분의 아이들은 자신의 손위 형제자매를 매우 강한 존재로 인식하며 그들을 따라하려고 한다. 따라서 아이들 앞에서 형제자매를 함부로 비교하는 일은 절대 삼가야 한다.

선생님 역시 아이들에게 있어 매우 중요한 역할모델이다. 아이들은 때때로 특정 선생님에게 특별한 존경심을 느끼며 그 선생님처럼 되고 싶다는 생각을 하곤 한다. 일례로, 한 선생님이 한 아이에게 다정한 눈길을 보내며 "정말 잘 해냈다"고 칭찬을 했다고 하자. 그 아이는 틀림없이 안정감을 느끼게 되고 그 선생님을 좋아하게 될 것이 틀림없다.

성공한 사람들에게는 그들의 삶을 긍정적으로 이끌어준 중요한 선생님이 있었다고 한다. 이렇듯 선생님은 아이들에게 기술적인 능력뿐만 아니라 자신감을 길러주는 역할을 담당하기도 한다. 특히 가정에 적절한 역할모델이 없는 아이들의 경우 선생님의 역할은 더욱더 결정적이다.

다음은 한 학생이 선생님에게 보낸 편지의 일부다.

중학교는 초등학교와 매우 달랐습니다. 초등학교 때보다 숙제가 많긴 했지만 제가 흥미를 느끼는 것들을 더 많이 발견할 수도 있었습니다. 비록 성적은 조금 떨어졌지만 더 많은 것을 배웠습니다. 그것은 정신적인 것입니다.

저는 제게 너무 소중해진 한 사람으로부터 저와 또 다른 사람들에 대해 배웠습니다. 그 분은 바로 담임선생님입니다.

우리 반은 모두 45명입니다. 그러나 선생님은 한 사람 한 사람을 정성껏 돌봐주셨습니다. 제가 선생님을 좋아하는 이유는 그 분의 수업을 통해 삶의 가치를 배울 수 있기 때문입니다.

사회활동을 하면서 만나게 되는 수많은 리더들 역시 아이들에게 매우 중요한 역할모델이 될 수 있다.

반면, 친구를 역할모델로 삼는 아이들도 더러 있다. 그러나 친구가 훌륭한 역할모델로서 적합할 때는 별 문제가 되지 않지만 반항적이거나 부정적이라면 큰 문제가 될 수 있다. 친구들의 노력과 변화는 옆에 있는 친구에게도 큰 영향을 미치기 때문이다.

그런 점에서 긍정적인 친구들과의 만남은 학문 탐구에 대한 긍정적인 생각을 갖게 할 뿐만 아니라 배움에 대한 열망 역시 북돋아준다. 물론 사춘기 아이들에게 있어 경쟁심과 질투심 없이 다른 아이의 좋은 점만을 역할모델로 삼을 것을 권유하는 것은 매우 어려운 일이다. 그러나 어린아이들의 경우 바람직한 학습태도(손들고 발표하기, 즐겁고 친근한 몸짓, 좋은 예의범절)를 가르쳐주는 데는 친구만큼 좋은 모델도 없는 것이 사실이다.

책 역시 훌륭한 역할모델이 될 수 있다. 책속에는 아이들로 하여금 인내와 의지, 열정을 배우게 하는 자원이 더없이 풍부하다. 이에 자신의 삶과 영웅의 삶에서 비슷한 부분을 동일시하고, 성공한 사람들은 과연 어떤 실패를 겪었으며, 그것을 어떻게 극복했는지 배우면서 그 영웅을 중요한 역할모델로 삼게 된다. 특히 학습 부진아들에게는 책이야 말로 영웅들의 땀과 삶을 이해하는 좋은 기회가 될 수 있다.

주위에서 역할모델을 찾지 못했을 경우

"나도 네 나이였을 때 너와 똑같은 생각을 했단다."

어른과 아이를 하나로 묶고, 아이가 어른을 자연스럽게 동일시할 수 있는 데 있어 이보다 더 적합한 말은 없다.

아이들은 어른들을 매우 친근하게 느끼며 늘 자신과의 유사점을 찾으려고 노력한다. 그러나 절대 좋지 않은 점을 닮게 해서는 안 된다. 특히 반항적인 아이들의 경우 어른들의 부정적인 태도를 공유하려고 할 수 있기 때문에 특별한 주의가 필요하다.

그렇다면 어떻게 하면 이를 방지할 수 있을까.

주위에서 역할모델을 찾지 못한 아이들에게는 부모와 선생님의 적절한 개입이 필요하다. 아울러 날선 비판과 함께 긍정적인 면을 부각시켜줄 필요가 있다. 그래야만 아이들이 어른들의 부정적인 태도를 닮지 않으려고 하기 때문이다.

아이들을 위한 음악·예술·과학·컴퓨터·캠프 등의 프로그램은 아이들이 긍정적인 역할모델을 찾는 데 있어 큰 도움이 된다. 또 이런 프로그램에 아이들을 참가시키면 반항의 길로 접어드는 것을 막을 수 있을 뿐만 아니라 긍정적으로 노력하면서 성장한 사람들을 많이 만날 수 있기 때문에 목표와 동기를 부여하는데 있어서도 큰 도움이 된다.

부모와 자녀가 함께 모험이나 놀이에 참여해보는 것 역시 부모를 긍정적인 역할모델로 삼을 수 있는 좋은 방법이다. 특히 부모와 아이의 관계가 부정적일 경우 아빠와 아이가 함께 여행을 떠난다든지, 어려운 일에 함께 도전하면 관계가 더욱 밀착되고, 서로를 깊이 이해할 수 있어 큰 도움이 된다.

선생님에게
부족한 학습
도움받기

학습 부진아들은 기초 학습 기능, 즉 쓰기·읽기·셈하기·노트정리·학습 분위기 조성·공간적 사고 기능 등을 제대로 습득하지 못한 경우가 많다. 이에 선생님의 개인지도를 통한 보충학습이 반드시 필요하다. 하지만 개인지도가 오히려 학습 부진을 더욱 강화시킬 수도 있으므로 특별한 주의가 필요하다.

학습 부진아 지도시 선생님이 주의할 점

첫째, 아이들이 선생님께 의존하려는 마음을 키우지 않게 해야 한다. 그러자면 개념을 설명한 후 아이가 이해한 것을 아이의 말로 다시 설명하게 하는 것이 좋다. 만일 선생님의 말을 앵무새처럼 따라할 경우 다시 아이 자신의 말로 하도록 해야 한다. 중요한 것은 아이가 과제를 하는 동안 누군가 옆에 앉아 있지 않도록 하는 것이다. 아이 스스로 한계를 극복해야 하기 때문이다.

둘째, 학습 목표를 분명히 제시해야 한다. 그러기 위해서는 아이들에게 '이 과정을 공부하면 뭘 할 수 있을까'를 충분히 인식하게 한 후 목표 지향적인 자세로 학습할 수 있게 해야 한다.

셋째, 아이들에게 습득한 지식을 적용할 기회를 많이 제공해야 한다. 문제를 성공적으로 해결하는 경험이 많아지게 되면 자신감을 갖게 되고, 그 자신감은 여러 상황에서 긍정적으로 표출되게 된다.

읽기 능력을 향상시키는 법

읽기는 학습에 있어서 가장 기초이자 핵심이라고 할 수 있다. 때문에 읽기 능력이 부족할 경우 거의 모든 학습에서 어려움을 겪을 수밖에 없다.

그렇다면 아이들의 읽기 능력을 향상시키기 위해서는 어떻게 해야 할까.

첫째, 읽기를 못한다고 해서 큰소리로 다그치지 않아야 한다. 아이가 읽는 것에 더 부담을 느낄 수 있기 때문이다.

둘째, 아이가 초등학교 저학년일 경우에는 부모가 큰소리로 책을 읽어주면 읽기 능력을 향상시키는데 큰 도움이 된다.

셋째, 만일 아이가 잠자리에서 책을 읽고 싶어 하면 어느 정도까지는 허락할 필요가 있다. 단, 아이가 읽고 싶은 것을 읽을 수 있도록 해야 한다. 만화·잡지·동화책 등 어떤 것이든 좋다. 중요한 것은 아이 스스로 읽는 재미를 느끼게 하는 것이다. 일단, 읽는 것에 재미를 붙이게 되면 책의 수준은 자연스럽게 높아진다.

넷째, 부모가 본보기가 되어야 한다. 이에 평소에 책이나 신문, 잡지 등을 읽는 모습을 아이에게 자주 보여줄 필요가 있다.

다섯째, 아이가 동생의 읽기를 돕거나 격려하도록 할 필요가 있다.

끝으로, 가족끼리 쇼핑이나 여행을 할 때는 반드시 서점을 방문하도록 한다. 책읽기를 싫어하는 아이들도 서점 방문이 습관처럼 자연스러워지게 되면 책과 쉽게 친해질 수 있기 때문이다.

쓰기 능력을 향상시키는 법

아이가 글쓰기를 싫어하거나 느릿느릿 글씨를 쓴다면 과연 어떻게 해야 할까.

유아나 초등학생 중에는 지적 발달과 손 근육 발달이 불균형한 경우가 적지 않다. 즉, 생각은 빠른데 비해 손은 그다지 빨리 움직일 수 없는 것이다. 때문에 의외로 많은 아이들이 글쓰기를 싫어한다.

특히 아이들은 속도에 집착하는 경우가 많다. 이에 친구보다 과제를 늦게 끝낼까봐 불안해 하고, 빨리 하는 것이 잘하는 것이라고 생각한 나머지 늘 다른 아이보다 늦지 않으려고 서두르곤 한다. 이러한 과정이 반복되다보니 점점 더 글쓰기가 싫어지고, 글쓰기에 대한 부담과 불안 역시 더욱 커진다.

그렇다면 글쓰기를 싫어하는 아이들의 글쓰기 능력을 향상시키기 위해서는 어떤 노력이 필요할까.

첫째, 쓰는 것을 대신할 수 있는 다른 방법(줄치기, 간단하게 기호로 표시하기 등)을 제시할 필요가 있다.

둘째, 빨리 쓸 수 있는 연습을 반복해서 시키고, 쓰기 자료나 수학 문제를 시간을 재면서 할 수 있도록 연습시켜야 한다.

셋째, 빨리 하는 것보다 제대로 잘하는 것이 훨씬 더 중요하다는 사실을 알려줄 필요가 있다.

수학능력과 공간지각능력을 향상시키는 법

수학을 어려워하고 싫어하는 아이들이 꽤 많다. 이에 일부 선생님들은 그런 아이들에게 수학을 지도하는 어려움에 대해서 다음과 같이 토로하기도 한다.

"개념을 설명하면 아이들이 다 알아듣는 것 같아요. 하지만 2시간쯤 후에 다시 물어보면 아무것도 모른다는 듯이 가만히 앉아있어요. 마치 처음 듣는 이야기라는 표정이죠."

똑같이 수학을 잘못하고 어려워해도 그 이유가 수학적 개념을 이해하지 못하기 때문인지, 계산기능이 숙달되지 않았기 때문인지, 이해는 하지만 기억력이 나쁘기 때문인지에 따라 도움 내용 역시 달라져야 한다.

첫째, 아이가 수학적 개념을 이해하는 데 어려움이 있다면 응용이 가능한 일상적인 상황(쇼핑·경제적 거래 등)을 활용해 문제를 해결하도록 하는 것이 좋다. 그렇게 하면 추상적인 개념을 구체화할 수 있어서 쉽게 이해할 수 있기 때문이다.

둘째, 기억력에 문제가 있을 경우 구체적인 계산을 많이 연습하게 해서 문제를 풀어내는 과정이 익숙해지도록 한다.

셋째, 퍼즐, 돈 세는 것, 지도 보기, 방향이나 길 찾기, 기하, 컴퓨터 등을 어려워한다면 공간지각능력이 부족하기 때문이다. 공간지각능력을 키울 수 있는 놀이로는 도미노 게임, 퍼즐, 비디오 게임, 레고, 블록 쌓기 등이 있다. 다만, 공간지각능력은 선천적으로 타고난 부분이 크기 때문에 열심히 가르치고 배워도 쉽게 향상되지 않는다는 사실을 유념할 필요가 있다.

아이가 자신의 수학능력에 대해 고민을 너무 하게 되면 점점 더 자신감이 결여될 수 있다. 따라서 수학적인 능력 부족은 때로는 한계를 명확히 받아들일 필요가 있다. 나아가 그 부족함에 얽매이기보다는 다른 능력을 계발해주는 것이 좋다.

PART. 6
의존적인
아이들을 위한
UP학습코칭

부모가 반드시 해야 할 일

아이를 독립적인 존재로 인정하라/ 아이 스스로, 홀로

서게 하라/ 부부가 일관성 있게 아이를 양육하라…

선생님이 반드시 해야 할 일

의존적인 아이와 학습장애아를 반드시 구분하라/ 스스

로 계획하고 조직화하는 방법을 가르쳐라/ 과제를 계획

하고 진행하는 법을 구체적으로 가르쳐라

■■■■ 가장 훌륭한 스케이트 코치는 아이로 하여금 가장 짧은 시간 내에 혼자 스케이트를 타도록 만드는 사람이라고 한다. 이는 자전거를 배울 때 역시 마찬가지다. 아이들은 누군가가 뒤에서 자전거를 붙잡아주고 있다고 생각할 때 아무 걱정 없이 자전거를 잘 탈 수 있다. 하지만 자전거를 붙들어주는 사람이 없다는 사실을 알게 되면 곧 넘어지고 만다.

언제까지 부모가 아이를 도울 수는 없다. 당장은 마음이 다소 아프겠지만 진심으로 아이를 생각한다면 단호해져야 한다. 그래야만 아이들 역시 더 이상 갈등하지 않고, 자신의 일을 스스로 처리하며, 큰 성취감을 맛볼 수 있다.

부모가
반드시
해야 할 일

아이를 독립적인 존재로 인정하라

의존적인 아이들을 독립적이고 자율적으로 바꾸는데 있어 가장 중요한 사람은 역시 부모다. 이에 부모는 아이가 자신의 능력을 왜 충분히 발휘하지 못하는지, 과연 어떤 문제점을 갖고 있는지에 대해서 정확히 알아야 한다.

중요한 것은 아이를 의존적이게 만든 원인 역시 부모에게 있다는 것이다. 하지만 이를 간과하거나 잘 모르는 부모들도 있는 반면, 자신의 양육방식이 잘못 되었음을 알고 부모 자격이 없다고 생각하는 사람들도 간혹 있다.

아이를 독립적으로 이끌지 못하고 과잉보호 속에서 키우게 되면, 훗날 아이는 실패를 경험하면서 자기 자신을 탓하기보다 부모를 원망하고 비난하게 된다. 따라서 부모는 아이를 자신의 소유물이 아닌 독립적인 존재로 받아들임과 동시에 자율적으로 양육할 필요가 있다.

가장 훌륭한 스케이트 코치는 아이로 하여금 가장 짧은 시간 내에 혼자 스케이트를 타도록 만드는 사람이라고 한다. 이는 자전거를 배울 때 역시 마찬가지다. 아이들은 누군가가 뒤에서 자전거를 붙잡아주고 있다고 생각할 때 아무 걱정 없이 자전거를 잘 탈 수 있다. 하지만 자전거를 붙들어주는 사람이 없다는 사실을 알게 되면 곧 넘어지고 만다.

언제까지 부모가 아이를 도울 수는 없다. 당장은 마음이 다소 아프겠지만 진심으로 아이를 생각한다면 단호해져야 한다. 그래야만 아이들 역시 더 이상 갈등하지 않고, 자신의 일을 스스로 처리하며, 큰 성취감을 맛볼 수 있다.

아이 스스로, 홀로 서게 하라

아이들은 자신의 일을 혼자서도 충분히 잘할 수 있다. 그런데 아이들의 일에 일일이 참견하고 끼어드는 부모들이 간혹 있다. 이는 아이들을 믿지 못하거나 과잉보호하려는 목적 때문이다.

아이들은 나이에 따라 반드시 혼자서 해야 할 행동들이 있다. 그 중 가장 중요한 것은 역시 숙제와 공부다. 이에 반드시 혼자서 해야 하는 일은 아이 혼자 할 수 있도록 해야 한다. 만일 아이가 주의나 관심을 끌며 부모에게 의지하려고 한다면 과감히 뿌리쳐야 한다. 그리고 그것을 다 했을 때는 조용히 칭찬해주는 것이 좋다.

다음 사례를 보자.

〔**아침 일과 ① – 의존적인 아이를 둔 가정**〕

엄마 : 인혁아, 일어났니?

인혁 : …….

엄마 : 인혁아, 일어날 시간이라니까!

인혁 : 피곤해요. 조금만 더 잘게요.

엄마 : 그러다가 지각하면 어쩌려고?

똑같은 말이 계속해서 반복되면 엄마의 목소리는 당연히 커지게 된다. 하지만 이는 시작에 불과하다. '세수해라', '이 닦아라', '아침 먹어라', '서둘러라', '옷 입어라', '책가방 챙겨라' 등과 같은 잔소리가 계속되고 마침내 지각에 대한 경고와 함께 아이를 학교까지 직접 데려다주기 때문이다. 식사 중에 아이들끼리 싸우는 일도 다반사다. 심지어 아이에게 잔소리하는 것을 두고 부부가 말다툼을 벌이는 일도 부지기수다.

〔**아침 일과 ② – 독립적인 아이를 둔 가정**〕

1단계 : 아이에게 일어나야 할 시간을 한 번만 알려준다. 학교 갈 준비 역시 아이 스스로 하게 한다. 이에 엄마는 여유롭고 즐거운 마음으로 아침식사를 준비할 수 있다.

2단계 : 자기 전에 책가방을 미리 챙기고, 학교에 입고 갈 옷 역시 준비하게 한다. 이때 아이 스스로 체크리스트를 만들어 활용하게 한다. 그렇게 하면 부모의 도움이 필요하지 않기 때문이다. 아침에 좀 더 일찍 일어나서 준비할 수 있도록 하는 것도 좋은 방법이다.

3단계 : 스스로 일어나서 씻고, 옷을 입은 후 아침에 해야 할 일을 체크리스트와 비교하면서 빠짐없이 준비한다. 그리고 아침식사를 한다.

4단계 : 부모와 아이가 함께 아침식사를 하며 일과에 대한 이야기를 나눈다.

5단계 : (선택적으로) 아이가 학교 갈 준비를 일찍 끝냈다면 학교 가기 전까지 텔레비전을 볼 수도 있다.

질문 : 아이가 아침식사 전까지 옷을 입지 않았다면 어떻게 해야 하나?

답변 : 아침을 주지 않는 것이 좋다. 만일 먹는 것을 좋아하는 아이라면 2번이나 3번 정도에서 습관을 바로 잡을 수 있다.

질문 : 아이가 아침식사를 하지 않으려고 하면 어떻게 해야 하나?

답변 : 아침식사 후 15분 동안 텔레비전을 볼 수 있게 해준다. 단, 학교 갈 준비가 완벽하게 되어 있어야 한다는 조건을 단다.

질문 : 아이가 학교 갈 시간이 다 되었는데도 일어나지 않는다면 어떻게 해야 하나?

답변 : 학교에 보내지 말고 하루 종일 집에 있게 한다. 이런 일은 한 번 이상 일어나지 않는 경우가 많다. 단, 절대로 지각한 일에 대한 사과 편지를 아이 손에 들려서 선생님께 보내거나 연락을 해서는 안 된다. 아이들 역시 자신이 잘못한 일에 대해서 온전히 책임을 지고 반성할 필요가 있기 때문이다. 절대 부모가 방패막이가 되어서는 안 된다.

질문 : 아이가 아침에 시간이 없다면 어떻게 해야 하나?

답변 : 30분 정도 일찍 자게 한 후 아침에 30분 일찍 일어나게 한다.

질문 : 이러한 생활이 정말 가능하나?

답변 : 충분히 가능하다. 초등학생 심지어 고등학생들 역시 학교에 결석하는 걸 매우 싫어하기 때문이다.

평화로운 아침을 맞기 위해서는 아이의 독립성을 북돋워주고 지지할 필요가 있다. 또한 무조건 의지하려고 하는 행동에 대해 잔소리를 하지 않아야 하며, 긍정적인 강화와 보상을 통해 아이 스스로 독립적으로 행동할 수 있도록 해야 한다.

벌은 부득이한 경우에만 줘야 한다. 아이가 하고 싶은 것을 하지 못하게 하는 것보다는 잘했을 때 하고 싶은 것을 허용하는 긍정적인 강화가 훨씬 더 효과적이기 때문이다.

그럼에도 불구하고, 의지하려는 행동을 쉽게 버리지 못하는 아이들이 있다. 그런 아이들에게는 다음과 같은 방법을 사용하는 것이 좋다.

- 아이에게 해야 할 일에 대해서 간단히 설명한 후 계획을 말해준다.
- 아이가 잘못하거나 못한 것보다는 잘한 것과 완성한 것에 대해서 관심을 갖는다.
- 아이가 해야 할 일을 모두 마쳤을 때는 좋아하는 것으로 보상을 한다.
- 잘한 것과 해낸 것은 가능한 한 많이 강조하고, 잘못한 것은 강조하지 않는다.

부부가 일관성 있게 아이를 양육하라

아빠가 아이를 꾸짖을 때 무조건 이를 막는 엄마들이 있다. 아이에게 상처가 될까봐 두렵기 때문이다. 그런 엄마들은 아빠의 벌이나 교육을 언어적 학대라고 주장한다. 하지만 그런 유형의 엄마일수록 오히려 감정을 조절하지 못한 나머지 아이를 심하게 꾸짖는 경우가 많다. 그런데도 자신은 남편보다 더 조용하고 친절하게 아이를 양육한다고 착각하곤 한다.

이렇듯 적지 않은 부모들이 배우자의 영역을 침범하고 자존심을 짓밟는 일을 서슴지 않는다. 하지만 이것이 결국 아이의 자신감을 빼앗는 행동이라고는 생각하지 않는다. 과잉보호를 받으며 자란 아이들은 일이 어렵거나 위험을 감수해야 할 때 회피하거나 피난처를 찾으려고 하기 때문이다.

야단맞는 아이에게 피난처를 마련해주거나 보호를 해주는 것은 부모 말을 듣지 말고 존경하지도 말라고 하는 것과도 같다.

부모는 서로 일관성 있게 아이를 양육해야 한다. 만일 부부의 의견이 서로 다를 경우에는 몇 가지 약속을 미리 정해놓은 후 적어도 약속한 것만큼은 반드시 지킬 수 있도록 하는 것이 좋다.

남자 아이는 아빠와 많은 시간을 보내게 하라

남자 아이들에게 있어 자신과 동일시 할 수 있는 역할모델의 존재는 매우 중요하다. 자신감과 성취감에 큰 영향을 미치기 때문이다. 그런 점에서 이성인 엄마에게 자꾸 기대려고 하고, 엄마와 동일시하는 남자 아이들은 제대로 된 성취를 하기가 매우 어렵다. 엄마와의 관계가 너무 가까운 나머지 항상 일대일로 과도한 관심을 받아야 한다고 생각하기 때문이다. 또 그런 아이들일수록 보통 이상의 관심과 지지를 받아야만 성취하려는 경향을 보인다. 나아가 남자답게 행동하지 않는 것에 대해 주변 사람들이 반감을 드러낼 수 있을 뿐만 아니라 사회적 문제로도 발전할 수 있다.

물론 이를 인정하지 않는 엄마들도 다수 있다. 남녀평등 사상을 가진 엄마들일수록 더욱더 그렇다. 남자라고 해서 반드시 남성적일 필요는 없다는 것이다. 그러나 아직 우리나라에서는 남자 아이는 남자답게 자라야 한다는 의식이 강하다.

아들이 남자답게 자랄 수 있도록 하는 가장 좋은 방법은 아빠와 가능한 한 많은 시간을 보내게 하는 것이다. 하지만 이때 주의해야 할 점이 있다. 아빠와 아들의 즐거운 시간에 친구가 함께 하지 않도록 해야 한다는 것이다. 그렇게 되면 아들과 아빠의 대화가 힘들어지기 때문이다.

사실 대부분의 아빠들은 여가시간이 충분하지 않는 경우가 많다. 따라서 아들과 있기보다는 가족이나 회사 동료들과 함께 많은 시간을 보내곤 한다. 따라서 아빠와 아들이 일대일로 특별한 시간을 가지려면 많은 희생을 치러야만 한다.

그럼에도 불구하고, 아빠와 아들의 관계를 긴밀하게 만드는 것은 매우 중요하다. 특히 어린 남자 아이들의 경우 독립심을 형성시키는 데 있어 초석이 되므로 반드시 아빠와의 시간을 갖도록 해야 한다. 이때 엄마는 빠져주는 것이 좋다. 아빠와 아들이 직접 의사소통을 해서 서로를 이해할 수 있는 기회를 줘야 하기 때문이다.

만일 아빠가 없는 가정이나, 아빠가 적당한 모델이 될 수 없는 가정이라면, 아주 험난한 여행을 한다든지, 보이스카우트 같은 단체에 가입해서 활동하게 하는 것도 좋다. 힘들고 생동감 있는 활동을 통해 남자답게 성장할 수 있기 때문이다.

감정을 적극 표현하도록 가르쳐라

아이들의 슬픔, 분노, 좌절과 같은 감정을 이해하고 적극 수용하는 것에 반대할 사람은 아마 없을 것이다.

감정은 생각으로만 품고 있으면 증폭될 수 있기 때문에 좋지 않다. 또한 감정이 지나치게 쌓이게 되면 이성을 잃고 화를 낼 수도 있다. 문제는 자신이 왜 화를 냈는지 모른다는 것이다. 따라서 아이들에게도 감정을 생산적으로 표현할 수 있도록 가르칠 필요가 있다.

하지만 여기에는 조심해야 할 부분이 있다. 감정을 통해 어른들을 통제하려고 하는 아이들이 간혹 있기 때문이다. 특히 감정이 예민하고 자책을 잘하는 아이들일수록 부모를 통제할 가능성이 높다. 예를 들면, 엄마의 잔소리가 끔찍하다고 표현하는 것 역시 부모를 조종할 때 사용하는 방법 중 하나다. 이런 아이들은 문제를 스스로 해결하려고 하지 않는다. 자신의 감정을 강하게 표현해 문제의 원인이 상대방에게 있는 것처럼 보이게 할 뿐이다.

자상하고 친절한 부모들일수록 더 많은 동정과 관심을 보이는 경향이 있다. 이에 아이는 그런 행동을 더 자주 하게 되고, 결국 습관이 되고 만다.

아이들에게 감정을 적극 표현하도록 하는 것은 반드시 필요한 일이다. 하지만 아이에게 결코 조종당해서는 안 된다. 그러자면 자신이 아이에게 조종을 당하고 있는지 아닌지를 잘 구분할 필요가 있다. 그 기준은 다음과 같다.

첫째, 너무 자주 아이를 동정하게 되면 자신이 조종당하고 있다고 봐야 한다. 이럴 때는 아이가 보다 더 생산적인 활동을 할 수 있도록 지도할 필요가 있다. 즉, 아이가 부모나 선생님의 주의를 끌려고 하는 행동에 대해서 절대 관심을 갖지 않는 대신 독립적이고 자신감 있게 행동에만 관심을 갖는 것이다.

둘째, 아이에게 직접 확인한다. 아이들은 친구들과 잘 어울리면서도 더 많은 인기와 관심을 받고 싶은 생각에 부모의 동정을 사려고 하는 경우가 많다. 이에 아이에게 반드시 사실을 확인한 후 문제가 있을 경우 반드시 해결하고 넘어가야 한다.

셋째, 더 좋은 해결책을 개발하도록 격려한다. 더불어 다른 사람이 자신을 좋아하는지 좋아하지 않는지에 대해서 지나치게 관심을 갖지 않도록 해야 한다.

넷째, 아이의 감정 표현에 민감해야 한다. 하지만 감정 표현을 지나치게 강조할 경우 비생산적일 수도 있으므로 너무 자주 동정하지 않아야 한다. 그보다는 실제로 문제를 해결하는 데 있어 필요한 방법과 전략에 대해서 더 많은 이야기를 나누는 것이 좋다.

다섯째, 어른을 조종하는 아이들을 경계해야 한다. 만일 아이가 부모, 형제, 선생님을 대상으로 불평을 일삼는다면 그 아이는 공격하는 스타일을 학습하고 있는 것이다. 부모 사이가 좋지 않거나 이혼한 가정에 이런 유형의 아이들이 많다. 그렇다고 해서 그런 아이들을 동정하지 말라는 것은 아니다. 지나치게 동정할 경우 자신의 문제를 해결하기보다는 타인을 비난하고 책임을 전가하는 행동을 하게 됨으로 주의해야 한다는 것이다. 그런 점에서 아이를 지나치게 많이, 자주 동정하는 것은 책임을 다하지 않아도 되는 피난처를 제공하는 것과도 같으므로 주의할 필요가 있다.

경쟁의 즐거움에 대해서 가르쳐라

의존적인 아이들은 경쟁을 자체를 회피한다. 지는 것을 매우 싫어하기 때문이다. 이에 다른 사람과 경쟁을 해야 하는 체육활동 및 스포츠를 좋아하지 않으며, 하기 싫은 일은 주저없이 포기하고 만다. 화역시 잘 내지 않는다. 즐겁지 않기 때문이다.

그렇다면 이런 의존적인 아이들을 둔 부모는 과연 어떻게 해야 할까. 관심도 없는 아이에게 '다시 한 번 더 해보라'며 무조건 설득하는 것이 좋을까. 그렇지 않다. 지나친 관심은 오히려 독이 될 수도 있기 때문이다. 그런 점에서 가족끼리 게임을 하는 것은 아이에게 경쟁하는 법을 가르칠 수 있는 아주 좋은 기회다. 유머 또한 아이들이 실패를 극복하는 데 있어 큰 도움이 된다. 하지만 여기에도 나름의 규칙이 있어야 한다.

우선, 게임에 졌다고 해서 제 마음대로 하는 아이에게는 너무 많은 관심을 보여선 안 된다. 그런 아이에게는 '경기태도 불량'이란 딱지를 붙인 후 게임을 그대로 진행하는 것이 좋다. 그리고 게임을 하는 도중에 모두가 큰소리로 웃어 아이가 그 소리를 듣도록 해야 한다. 의존적인 아이들의 경우 이 소리를 들으면 자신만 게임에 참여하지 못하게 된 것을 후회하기 때문이다.

또한 아이가 게임에 다시 참여하더라도 지나치게 환영하거나 관심을 보여선 안 된다. 그냥 게임을 할 수 있도록 허락하기만 하면 된다. 그러면 아이는 곧 속상했던 사실을 잊어버린다.

아이가 게임이나 운동을 하지 않으려고 할 때 역시 마찬가지다. 절대로 먼저 설득해서는 안 된다. 그렇게 되면 아이가 다시 게임에 참여하는 것을 더 어렵게 만들 수 있기 때문이다. 단, 어른들과 같이 게임을 할 경우 어린 아이라는 점을 다소 고려할 필요는 있다. 그렇다고 해서 일부러 져주라는 것은 아니다.

의존적인 아이들에게는 게임 자체를 즐기는 법을 알려줘야 한다. 나아가 다른 사람과의 경쟁보다는 자신과 경쟁하도록 해야 한다. 즉, '누구보다 잘했다'고 하는 대신 '지난번보다 훨씬 더 잘했다'고 말하는 것이다. 그렇게 해서 자신과의 경쟁에 재미를 느끼도록 해야 한다.

창의력 대회나 집단 토론, 혹은 팀을 이뤄서 경쟁하는 것 역시 의존적인 아이들이 경쟁에 대해서 배울 수 있는 좋은 기회다. 하지만 지나치게 경쟁이 심할 경우에는 오히려 문제를 일으킬 수도 있다. 특히 승자와 패자가 이미 정해져 있거나 너무 진지한 게임은 그다지 좋지 않다. 질 것이 당연하다고 느낀 나머지 스스로 포기하게 만들 수 있기 때문이다. 그 보다는 결과가 어떻게 될지 확실히 알 수 없는 게임이 좋다. 편안한 마음으로 게임에 임할 수 있기 때문이다.

사실 의존적인 아이들은 실패에 대한 큰 두려움을 갖고 있다. 그래서 경쟁을 피하는 것이 습관화되어 있다. 따라서 선생님이나 부모는 아이들이 경쟁에 쉽게 참여할 수 있도록 꾸준히 배려하고 격려할 필요가 있다.

의존적인 아이들을 돕는 방법에는 다음과 같은 것들이 있다.

- 경쟁에서 일부러 이길 수 있도록 돕지 않는다.
- 경쟁에서 졌을 때 유감스럽게 생각하지 않으며, 과잉반응 역시 보
  이지 않는다.
- 지나친 관심은 사양한다.
- 게임이나 경기를 하면서 즐거웠던 사실을 상기시켜준다.
- 경쟁적인 상황에서도 게임에 참여한 용기와 질 수도 있는 상황에서
  게임을 즐긴 여유에 대해서 칭찬한다.
- 가족끼리 경쟁하면서 즐길 수 있는 게임을 자주 한다.

아이가 흥미를 갖는 취미를 만들어줘라

의존적인 아이들은 경쟁을 두려워하기 때문에 TV 시청 및 컴퓨터 게임과 같은 혼자서 할 수 있는 수동적인 활동에 매우 익숙하다. 하지만 이런 활동은 아이들을 점점 더 수동적으로 만들 뿐만 아니라 다른 사람들과 어울리지 못하게 만든다. 따라서 가능한 한 하지 못하게 해야 한다. 그러자면 아이들이 흥미를 보이는 활동을 통해 동기를 높여줄 필요가 있다.

의존적인 아이들에게는 경쟁하지 않으면서도 높은 만족감을 얻을 수 있는 취미활동이 좋다. 자전거 하이킹, 그림 그리기 등이 바로 그것으로, 이를 통해 자아 개념과 독립심 역시 증진시킬 수 있다. 스스로 목표를 설정하고 계획을 세울 수 있기 때문이다.

식물 수집·곤충 수집·동전 수집 등과 같은 활동 역시 추천할만하다. 하지만 처음부터 아이가 관심을 보일 리 없다. 이때는 작은 선물을 줘서 흥미를 유발시키는 전략이 필요하다. 그러면 한 가지 활동에 몰입하게 되어 자신감을 갖고 취미를 확장시켜 나갈 수 있다. 만일 이렇게 하는 것이 어렵다면 부모가 직접 활동에 참여해 부모의 흥미나 관심, 열정 등을 아이에게 배우게 하는 것도 좋은 방법이다.

자신의 생각을 성급하게 판단하지 않도록 가르쳐라

의존적인 아이들은 항상 완벽하고 옳은 것만 생각하는 습성이 있다. 그 결과, 완벽하지 않으면 항상 불안해하고 실패를 두려워한다.

실패를 두려워하면 창의적으로 생각하는 것 역시 두려워하게 된다. 자기 자신에게 비판적이기 때문이다.

이런 아이들에게는 자신의 생각을 성급하게 평가하는 것을 유보하도록 가르칠 필요가 있다. 그렇게 함으로써 창의적인 문제해결 능력은 물론 자신감 역시 향상시킬 필요가 있기 때문이다.

창의적으로 생각하게 하는 방법에는 여러 가지가 있다. 그 중 가장 중요한 것은 생각을 확장시켜 수많은 아이디어를 모을 때까지 평가를 미루는 것이다. 이는 창의력이 우수한 사람들의 생각법이기도 하다. 그들은 하나의 아이디어를 생산해내기 위해 수많은 아이디어를 생각하고, 뒤집어보며, 버리고, 조합한다.

아이디어를 생각해내는 데 있어 도움이 되는 방법 중 하나로 브레인스토밍이 있다. 브레인스토밍이란 아이디어 창출법의 하나로 한 가지 문제를 집단적으로 토의해 제각기 자유롭게 의견을 말하는 가운데 독창적인 아이디어를 창출하는 것을 말한다.

　그렇다면 어떻게 하면 효과적인 브레인스토밍을 할 수 있을까.

　브레인스토밍의 창시자인 알렉스 오즈번은 브레인스토밍이 효과적이려면 다음과 같은 규칙을 지켜야 한다고 강조한 바 있다.

효과적인 브레인스토밍 전략

① 어떠한 아이디어에 대해서도 절대 비판하지 않는다. 그래야만 무한한 상상력을 발휘할 수 있기 때문이다.

② 자유분방한 토론을 즐긴다. 아이디어는 광범위할수록 좋다. 비록 앞뒤가 맞지 않는 아이디어라도 훌륭한 해결책이 될 수 있기 때문이다.

③ 아이디어는 많을수록 좋다. 이것저것 많이 생각하다 보면 문제해결에 도움이 되는 방안이 나올 수도 있기 때문이다.

④ 아이디어를 서로 조합하고, 수정한다. 그렇게 해서 새로운 아이디어를 계속 만들어간다.

　브레인스토밍은 아이들에게 심리적인 압박을 주지 않는 매우 효과적인 전략이라고 할 수 있다. 이에 아이 스스로 아이디어를 찾아낼 수 있는 장점이 있다. 예를 들어, 과학 분야의 프로젝트를 해야 한다고 해보자. 의존적인 아이들은 프로젝트가 두려운 나머지 부모에게 반드시 도움을 요청할 것이다. 이때 부모는 과연 어떻게 해야할까.

"너 스스로 한 번 해보라"며 지켜만 보는 것이 좋다. 물론 아이와 부모가 협동해서 문제를 해결하는 것이 좋을 때도 있다. 그러나 두려움에 사로잡혀 시도조차 하지 않게 되면 계속해서 제한된 아이디어만 내게 된다. 때문에 일단은 스스로 직접 문제를 해결할 수 있도록 해야 한다.

그렇다면 어떻게 하면 아이들로 하여금 아이디어를 가능한 한 많이, 잘내게 할 수 있을까.

다음은 아이들로 하여금 아이디어를 잘 낼 수 있도록 격려하는 방법이다.

〈과학 프로젝트 탐구 주제 찾기〉

엄마 : 재준아, 다음 주 금요일까지 과학 프로젝트 탐구 주제를 정해야 하지? 며칠 안 남았는데, 혹시 생각해둔 거라도 있니?

재준 : 아니오, 엄마가 좀 생각해주세요.

엄마 : 과제는 네가 스스로 해야지. 엄마는 네가 혼자서도 잘 할 수 있으리라고 믿는다.

재준 : 그렇지 않아요. 제겐 아이디어가 없어요.

엄마 : 아니야, 이건 누구나 다 할 수 있는 거야. (그러면서 옆에 앉아 아이 함께 아이디어를 생각할 준비를 한다.)

– 아이디어 구상법

① 과학 교과서와 과학 관련 책을 준비한다.

② 연필과 메모지를 준비한다.

③ 책을 보면서 보이는 아이디어에 대해 상상한다.

④ 일단, 떠오르는 대로 모두 메모를 한다.

⑤ 아이디어에 대해서는 절대 비판하지 않는다.

⑥ 합칠 수 있는 아이디어는 모두 합친다.

⑦ 더 이상 책에서 아이디어가 나오지 않으면 방안을 둘러보거나 창밖을 내다본다. 그러다 보면 더 많은 아이디어를 찾을 수도 있다.

⑧ 처음으로 돌아가서 메모지에 적어 놓은 아이디어를 유심히 살펴본다.

⑨ 흥미가 없거나 불가능한 아이디어는 모두 지운다.

⑩ 가장 좋아 보이는 아이디어 4~5개를 남긴 후 합칠 수 있는 것은 모두 합친다.

⑪ 4~5개의 아이디어에 대해 철저한 계획을 세운다.

⑫ 엄마 아빠와 함께 토론을 한 후 필요하면 도움을 받는다.

당근과 채찍을 함께 활용하라

독립적인 아이들은 도움이 불가피할 때만 질문을 한다. 하지만 의존적인 아이들은 다르다. 그들은 과제의 대부분을 부모에게 해달라고 한다. 도움 받는 것이 습관화되어 있기 때문이다. 이에 부모가 과제를 해주지 않고는 배기지 못하도록 행동을 한다. 과제를 혼자서는 할 수 없는 이유를 기가 막히게 잘 둘러대는 것이다. 예를 들면, 부모가 참아내기 어려운 고통스러운 소리를 내기도 하며, 혼자서 숙제하는 것이 얼마나 어려운지 보여주기도 한다.

과연 이럴 때 부모는 어떻게 해야 할까.

책상을 새로 사주거나 청소해주는 것만으로도 아이의 독립심을 키우는 데 큰 도움이 된다. 또한 공부방을 라디오, 텔레비전, 오디오 등을 쉽게 접할 수 없는 곳에 마련해주는 것 역시 좋은 방법이다.

음악을 듣지 않으면 공부를 할 수 없다고 주장하는 아이에게는 음악을 들으면서 공부하는 것이 효과적이지 않다는 사실을 객관적으로 확인시켜줄 필요가 있다. 예를 들면, 학교에서 수업시간에 음악을 틀어주지 않는다는 사실을 환기시켜주는 것이다. 대신 학습 태도와 성적이 향상되면 어느 정도 음악을 들어도 좋다고 약속한다. 단, 확고하되 반드시 긍정적인 태도를 유지하게 해야 한다.

한편, 아이가 스스로 학습 환경을 선택할 수 있다고 해도 전적으로 아이에게만 맡겨서는 안 된다. 부모가 조용한 분위기를 조성해주는 것이야 말로 정신을 집중하는 데 있어 훨씬 더 효과적이기 때문이다. 따라서 아이가 어릴 때는 부모가 직접 공부 계획을 세워주는 것이 좋다. 규칙적인 공부시간을 정하고, 좋은 학습습관을 키우기 위해서라도 반드시 그렇게 해야 한다.

공부시간에 대한 일반적인 지침은 다음과 같다.

- 초등학교 1~2학년 : 15~30분

- 초등학교 3~4학년 : 30~45분

- 초등학교 5~6학년 : 45~1시간

- 중학교 1~2학년 : 1시간 30분

- 중학교 3학년, 고등학교 1학년 : 1시간 30분~3시간

이는 학년별로 필요한 최소한의 공부시간이다. 하지만 이를 반드시 지킬 필요는 없다. 아이들의 능력과 수준이 모두 다를 수도 있기 때문이다.

숙제가 완전히 끝나지 않았다면 시간을 다소 늘려도 되며, 아이 스스로 잘하게 되면 줄일 수도 있다. 나아가 좋은 학습습관이 형성되면 아이 스스로 시간을 정할 수도 있다.

의존적인 아이들은 숙제를 계속 미루다가 저녁 늦게 시작하는 경우가 많다. 그렇게 되면 당연히 늦게 자게 되고 아침에 늦게 일어나 허둥대기 일쑤다. 이런 악순환을 막으려면 숙제를 끝낸 뒤에 뭔가 기대할 거리를 주는 것이 좋다.

숙제하는 시간을 저녁식사 전으로 잡으면 식사 후 가족끼리 오붓한 시간을 가질 수 있다. 그러나 부모가 모두 직장에 다닐 경우 저녁식사 후로 잡는 것이 좋다. 그래도 취침시간 전까지 숙제하는 것만은 반드시 피해야 한다.

아이들이 스스로 공부를 시작하는 것에 대해 특별보너스를 주고, 공부 시작 시간을 알리는 자명종을 맞춰두는 것도 좋은 방법이다. 이때 부모 역시 좋지 않은 습관을 고쳐 나가면 더욱 좋다. 부모가 솔선수범할수록 더욱 효과적이기 때문이다.

그렇다면 아이들이 과제를 얼마나 잘했는지 궁금할 때는 과연 어떻게 해야 할까.

처음에는 각 주제에 따라 과제를 주의 깊게 살펴봐야 한다. 그러나 숙제를 끝낸 것에만 관심을 가져서는 안 된다. 아이가 그것을 하기 위해 얼마나 열심히 노력했는지가 더 중요하기 때문이다. 만일 성의 없이 숙제를 했다면 다시 하도록 해야 한다. 절대 그냥 넘어가서는 안 된다. 틀린 곳을 고쳐주는 것 역시 좋지 않다. 그렇다고 화를 내거나 비난을 해선 안 된다. 숙제의 질적 수준에 대해서만 몇 마디 언급하면 충분하다.

"네가 실제로 할 수 있는 것보다 못하구나. 엄마 아빠는 네가 더 잘할 수 있으리라고 믿는다. 다시 한 번 해 보렴."

그렇다면 숙제는 누가 점검하는 것이 좋을까. 여자 아이는 아빠든 엄마든 상관없다. 하지만 남자 아이는 가능한 한 아빠가 점검하는 것이 좋다. 남자 아이의 경우 아빠에게 숙제 점검을 받으면 스스로 책임을 지려고 노력하기 때문이다. 특히 의존적인 남자 아이들일수록 아빠의 역할은 결정적이다.

아이의 학습습관을 바꾸려면 무엇보다도 계획을 잘 세워야 한다. 누구나 학습계획을 짜본 경험이 있을 것이다.

다음 사례를 보자.

아빠 : 성일아, 오늘 네 담임선생님을 만났는데, 네가 아주 우수한 아이라고 하시더구나. 스스로 열심히 하면 뭐든 잘할 거라며 말이다. 그러니 이제 너도 스스로 숙제하는 습관을 들이면 어떻겠니?

성일 : 혼자서는 잘 되지 않아요. 엄마가 조금만 도와주면 안 돼요?

아빠 : 엄마 아빠가 도와줄 수는 있지만 그 전에 네 스스로 한 번 해보렴. 엄마 아빠가 숙제를 재미있게 할 수 있도록 좋은 아이디어를 제시해줄 테니까.

성일 : ······.

아빠 : 할아버지가 쓰시던 책상을 네 방으로 옮겨주마. 그러면 혼자 공부할 수 있는 공간이 생길 거야.

성일 : …….

아빠 : 우리 함께 공부 계획을 짜보자. 선생님이 6학년은 1시간 정도는 반드시 공부해야 한다고 하시더구나. 그러니 우선 1시간으로 시작하자. 공부는 항상 네 방 책상에서 해야 하고, 그 시간에는 텔레비전을 보거나 라디오를 들어선 절대 안 된다. 대신 일요일은 공부를 안 해도 좋아. 또 혼자서 숙제를 잘한다면 1시간을 모두 채울 필요도 없어. 하지만 숙제를 다 하지 못하면 끝날 때까지 계속 해야 해.

성일 : 아빠, 그런데 학교에서 돌아오면 만화영화를 해요. 그 만화영화를 보며 잠시 쉬고 싶어요.

아빠 : 만화영화를 꼭 봐야 한다면 녹화를 한 뒤 숙제를 모두 마치고 나서 보도록 하렴. 늦어도 4시 15분에는 반드시 네 방에 들어가 숙제를 시작해야 하니까. 그렇게 해야만 저녁식사 전에 숙제를 모두 마칠 수 있고, 저녁식사 후에 야구를 하거나 텔레비전을 볼 수 있으니까.

성일 : 저는 불가능하다고 생각해요. 숙제하기 전에 1시간 30분 동안은 텔레비전을 봐야 한단 말이에요.

아빠 : 일단, 한 번 시작해보렴. 네 스스로 숙제를 하게 되면 네가 좋아하는 것을 하게 해줄테니. 그러면 네가 좋아하는 게임도 할 수 있고, 갖고 싶은 것을 살 수도 있단다.

성일 : 정말요? 어떻게 해야 상을 탈 수 있어요?

이렇듯 부모와 아이가 함께 동의한 내용을 서약서나 동의서로 작성해두는 것도 좋은 방법이다. 이때 아이와 부모뿐만 아니라 선생님까지 참여하면 더욱 효과적이다. 그러자면 선생님에게 미리 양해를 구하는 것이 좋다. 그 후 아이가 잘 보이는 곳에 그것을 붙여둔 후 잘 지키고 있는지 가끔씩 점검할 필요가 있다.

공부 서약서

성일이와 엄마, 아빠 그리고 김성숙 선생님은 성일이가 1주일에 6일 동안 매일 1시간씩 자기 방에서 혼자 공부할 것을 약속한다.

성일이는 TV를 보기 전에 공부를 모두 마쳐야 하며, 공부하는 동안에는 절대 라디오를 듣거나 TV를 볼 수 없다. 공부가 끝난 뒤에는 아빠가 과제물을 검토할 것이며, 만일 과제를 정해진 시간 안에 다 했을 경우에는 10점을 획득한다. 각 점수는 1점당 500원으로 계산되며, 점수가 모이는 대로 자전거를 사주기로 한다. 또한 특별한 프로젝트 숙제를 수행했을 경우에는 특별점수를 얻을 수 있다.

앞으로 성일이는 모든 일을 스스로 알아서 해야 한다. 만일 숙제를 제때 하지 못한 경우에는 금요일에 한꺼번에 해야 하며, 그 과제를 끝낼 때까지는 주말에 어떤 활동도 할 수 없다.

2015년 11월 11일

성일, 아빠, 엄마, 김성숙 선생님

아이들에게 보상이 필요한 이유는 좋은 성적을 유지하기 위한 좋은 학습습관이 아직 형성되어 있지 않고 확신 역시 부족하기 때문이다.

보상으로 뭘 줄지에 대해서는 예산과 아이가 받는 용돈, 특권 등을 동시에 고려해야 한다. 단, 보상이 너무 크면 안 된다. 또 아이를 동기화시킬 만큼의 여지는 남겨두는 것이 좋다. 이미 많은 것을 가져본 경험이 있는 아이에게는 보상거리를 찾기가 매우 어렵기 때문이다.

보상을 할 때 반드시 지켜야 할 규칙은 '가능한 한 적되, 충분히 효과적이어야 한다'는 것이다. 아이는 보상을 공부하는 가치로 봐야 하며, 보상을 주는 사람은 그것이 예산과 가치 체계에 비추어 합당한 투자로 봐야 하기 때문이다.

초등학교 저학년 점수체계

과제 완성	점수
이야기 책 읽기(편 당)	1
교과서 익힘 책 풀기(페이지 당)	1
수학 학습지 풀기(페이지 당)	1
모든 학교 숙제를 학교에서 끝내기	3

※ 매일 최소한 3점을 얻으면 카드 1장을 주고, 3점을 넘을 경우 카드를 1장씩 더 준다. 남은 점수는 그 다음날 점수에 더한다.

초등학교 고학년 점수체계	
과제 완성	점수
책읽기(페이지 당)	1
쓰기(페이지 당)	2
수학 문제지 풀기(페이지 당)	5
창작하기(페이지 당)	5
시간 내에 숙제 완료하기(주별 보너스)	25

※ 기대점수 : 1시간 내에 20~25점

효과적인 점수 주기 방법

① 매일 최소점수 주기

최소 20점을 받은 날이 30~50일 정도 되면 가족 여행이나 외식을 한다. 아빠와 야구경기를 보러가거나 피자파티를 열어주는 것도 좋은 방법이다. 특별한 게임이나 장난감을 사주는 것 역시 효과적이다.

하지만 어린아이들에게는 이 시간이 너무 길게만 느껴질 것이다. 이에 주 단위로 일주일에 5일 이상 20점을 넘으면 아빠와 볼링을 치러갈 수 있게 하거나, 친구 집에서 같이 잘 수 있도록 허락해주는 것도 좋은 방법이다. 특히 할 일을 계속해서 미루는 것이 습관이 된 아이들에게 효과적이다.

② 누계점수 주기

4학년 이상 아이들에게 적합한 방법이다. 점수를 단기 혹은 장기로 누적하기 때문에 처음에는 장기목표가 그다지 효과적이지 않지만 점수가 쌓이는 걸 보면 아이 스스로도 만족해하기 때문이다. 점수를 모아서 장난감이나 게임기를 살 수도 있고, 카메라, 자전거, 인라인 스케이트 등을 살 수도 있다. 점수는 1점당 30원 내지 50원으로 쳐주는 것이 좋다. 아이들에게 공부를 더 할 수 있도록 동기화하는 데 효과적인 방법이다.

부모와 선생님의 격려가 아이의 자신감을 키운다

학습 부진의 첫 번째 증상은 수업시간에 하는 활동이나 과제를 정해진 시간 내에 다 마치지 못해 제출하지 못하는 것이다.

의존적인 아이들은 학교에서 해야 할 과제를 집으로 자주 가지고 온다. 부모의 도움을 받기 위해서다. 그러다보니 학교활동을 제 시간에 마치지 못하는 경우가 많다.

그렇다면 이런 아이들을 돕기 위해서는 어떻게 해야 할까.

앞서 언급한대로 선생님이 부모에게 간단한 메모를 보내 학교에서 활동을 다 마치도록 격려하는 것이 좋다. 특히 초등학교 저학년 아이들의 경우 학교 활동 결과에 대해서 가정에서 보상을 해주게 되면 큰 도움이 된다. 하지만 고학년 이상의 아이들에게는 적합하지 않다. 이 연령대 아이들의 경우 학교에서의 활동보다는 집에서 해야 할 숙제를 제대로 못하는 경우가 훨씬 더 많기 때문이다. 이에 부모는 주말마다 아이들의 숙제를 검사할 필요가 있다. 그렇다고 해서 숙제를 대신해주거나 가르쳐줘서는 안 된다. 어디까지나 선생님과의 의사소통을 위한 도구로서 사용해야 한다.

　사실 부모와 선생님이 서로 협력하려면 많은 인내와 노력이 필요하다. 특히 선생님의 경우 시간이 넉넉하지 않고, 여러 아이들을 신경 써야 함에도 불구하고, 부모로부터 특별한 부탁을 받은 아이에게 신경을 써야 하는 만큼 많은 인내와 노력이 필요하다. 따라서 선생님에게 도움을 청하는 부모는 그 노력과 수고에 대해 특별히 고마워할 필요가 있다.

　주의할 점은 의존적인 아이들일수록 새로운 습관이 형성되기 전에 거짓말을 자주 하고 옛 습관으로 되돌아가려는 경향이 있다는 것이다. 만일 이런 일이 생기면 빨리 보고서 기록 방법으로 되돌아가는 것이 좋다. 물론 이런 일이 반복되는 것은 바람직하지 않지만 아이 스스로 이를 해결할 수 있을 때까지 지속할 필요가 있기 때문이다.

　중요한 것은 아이가 지나치게 보고서에 매달리지 않도록 해야 한다는 것이다. 하지만 여기에는 부모가 알아야 할 몇 가지 난관이 있다.

　첫째, 어떤 선생님들의 경우 매주 또는 매일 보고하는 것을 원치 않을 수도 있다는 점이다. 그럴 때는 어떻게 연락해야 하는지 선생님께 직접 물어보는 것이 좋다. 그러면 대안을 말해줄 것이다.

　둘째, 초등학생의 경우 노트를 집으로 가져오지 않을 수도 있다. 또 계획한대로 시작할 수는 있지만 철저하게 따라하려는 의지가 없을 수도 있다. 이런 경우에는 아이가 노트를 챙겨오면 반드시 보상을 하고, 그렇지 않으면 벌을 주는 방법을 병행할 필요가 있다. 가장 효과적인 보상은 부모와 아이가 매일 15분 정도 대화의 시간을 갖는 것이다.

가장 문제가 되는 것은 부모와 선생님이 일관성이 부족할 경우다. 때문에 부모는 아무리 바빠도 선생님의 기록을 꾸준히 검토한 후 아이가 긍정적으로 변해가는 모습을 칭찬하고 격려할 필요가 있다. 특히 의존적인 아이들의 경우 조금이라도 자기 뜻대로 되지 않으면 쉽게 우울해지기 때문에 항상 일관성을 가지고 대해야 한다.

보상체계는 사안에 따라 정기적으로 조정할 필요가 있다. 예를 들면, 숙제에 대한 상벌 시스템을 도입하는 첫 단계에서는 숙제를 잘했는지 보다는 다 마쳤는지에 중점을 두고 보상을 하는 것이 좋다. 숙제는 반드시 해야 한다는 생각을 주지시키고 습관을 들일 필요가 있기 때문이다. 그러다가 어느 정도 숙제를 마치는 것이 습관이 들게 되면, 그때부터는 얼마나 성실하게 숙제를 했는지에 중점을 두고 보상을 해야 한다.

초등학교 고학년 이상 아이들과 숙제를 마치는 것이 습관이 된 아이들의 경우 등급을 매겨서 보상을 해주는 것이 좋다. 그렇게 하면 아이들이 숙제를 더 잘하려고 노력하기 때문이다. 중요한 것은 보상은 향상된 점이 분명할 때만 하는 것이 좋다는 것이다.

한편, 그 결과가 긍정적이든 부정적이든 일단 판정을 내린 후에는 절대 과잉반응을 보여서는 안 된다. 예를 들면, 아이가 조금 더 노력을 한다고 해서 "공부를 훌륭하게 했다"고 말해서는 절대 안 된다. 또한 아이가 비록 실패하더라도 절대 포기하거나, 화를 내거나, 감정적으로 처리해서는 안 된다. 확신을 갖고 조용히 기다리다 보면 아이들은 자신이 뭘 배워야 하며, 어떻게 해야 할지에 대해서 스스로 깨닫기 때문이다.

성적은 일주일마다 계산해서 보상하는 것이 좋다. 그리고 가장 효과적인 방법은 필요한 것을 살 수 있게 용돈을 주는 것이다.

다음은 아이에게 적당한 목표를 세우게 한 후 주별로 등급을 매긴 것이다.

- A등급 – 일주일에 500원 주기
- B등급 – 일주일에 300원 주기
- C등급 – 일주일에 100원 주기
- D등급 – 일주일에 300원 빼기
- F 등급 – 일주일에 500원 빼기

꾸준한 연습을 통해 집중력을 키워줘라

의존적인 아이들은 집중력이 부족하다는 말을 자주 듣는다. 그렇다고 해서 과잉행동을 하거나 충동적인 것은 아니다.

의존적인 아이들은 선생님이 말할 때나 수업시간에 다른 생각을 하는 경우가 많다. 때문에 선생님은 하루에 한 번이라도 네가 말을 하거나, 손드는 모습을 보고 싶다며 아이에게 관심을 가질 필요가 있다. 부모 역시 마찬가지다. 아이에게 매일 학교 활동에 대해서 물어봐야 한다.

숙제를 하는 동안 집중하지 못하는 것 역시 의존적인 아이들에게 서 나타나는 전형적인 특성 중 하나이다. 만일 아이가 계속해서 집중하지 못한다면 아이에게 숙제를 끝낸 후 그것을 보여 달라고 해야 한다. 그러면 아이는 부모가 공부한 것을 검토할 때까지 계속 앉아서 숙제를 하게 된다. 이때 초시계를 이용해서 10~15분 간격으로 기록하거나 배운 것의 원리를 녹음해서 기록하는 것도 좋은 방법이다. 그렇게 해서 과제에 대한 주의 집중력이 늘어나면 시간 간격 역시 차츰 늘려가는 것이 좋다.

의존적인 아이들의 집중력을 높이는 방법

선생님은 학교에서 다음과 같은 말을 통해 의존적인 아이들의 집중력을 높이는데 **도움을 줄 수 있다.**

① "선생님이 좋아하는 것은 배우고 싶어 하는 사람을 가르치는 일이에요. 선생님이 말할 때 여러분이 선생님의 눈을 보면 선생님은 여러분이 배우고 싶어 한다고 생각하겠어요."

② "매일 선생님과 눈 맞추기를 몇 번 했는지, 점점 더 많이 눈을 맞췄는지 물어보겠어요."

③ 아들에게는 엄마보다 아빠가 제안하는 것이 더 효과적일 수 있다.

보충학습은 꼭 필요할 때만 시켜라

보충학습을 할 때는 끊임없는 격려를 통해 아이가 자부심을 느낄 수 있도록 해야 한다. 하지만 어떤 아이들은 보충학습을 숙제를 회피하기 위한 수단으로 이용하기도 한다. 따라서 보충학습은 꼭 필요할 때만 시켜야 한다.

정해진 시간보다 더 많이 공부하는 것은 성공하는 사람들의 특성으로, 이는 부정적인 자기상(Self Image)을 긍정적으로 바꿔준다. 때문에 아이들이 기대 이상으로 성취할 경우 선생님과 부모는 아이들에게 새로운 긍정적 이미지를 확신시켜주는 것이 좋다.

만일 선생님이 숙제를 내주지 않을 때는 부모가 필요에 따라 창의적인 이야기를 만들게 하거나, 책 읽고 독후감 쓰기, 과학실험이나 사회과목 연구 프로젝트, 외국어 공부 등을 하게 하는 것이 좋다. 이런 일련의 과정을 통해 더욱 큰 성취를 이룰 수 있기 때문이다.

선생님이
반드시
해야 할 일

의존적인 아이와 학습장애아를 반드시 구분하라

선생님들은 의존적인 아이들이 일대일로 교육을 받을 때는 공부를 아주 잘하지만 집단적으로 교육을 받을 때는 그렇지 않다고 말하곤 한다. 그 이유는 바로 의존적인 성향 때문이다.

의존적이면서 학습이 부진한 아이들의 경우 종종 선천적으로 학습장애가 있는 아이들과 비슷한 특징을 보일 때가 많다. 그렇다고 해서 그들을 장애아를 위한 특수반에 넣어서는 절대 안 된다.

간혹 부모들 중에는 아이가 학습장애아로 분류되면 특별한 도움을 받을 수 있을 것으로 기대하는 사람들이 있는데, 이는 옳지 않다. 신경적인 장애가 없는 한 아이들에게 학습장애아라는 딱지는 붙이지 않는 것이 좋다. 학습장애라는 명칭을 이용해 필요 이상의 도움을 요청할 수 있을 뿐만 아니라 공부를 더 이상 자신의 책임으로 받아들이려고 하지 않을 수도 있기 때문이다. 아울러 학습장애로 규정하거나 특수반에 들어가게 되면 스스로에게나 선생님, 부모에게 자신은 능력이 부족한 사람이라고 인정하게 되는 셈이다.

그렇다면 의존적인 아이들과 학습장애아는 어떻게 구분할 수 있을까. 주위 사람들이 지지하고 도와줄 때 아이가 어떻게 달라지는지를 보면 쉽게 알 수 있다. 주위 사람들의 지지와 도움이 있어야만 열심히 하는 아이는 학습장애가 있든 없든 의존적인 아이다. 반면, 주위 사람들의 지지와 도움이 있어도 여전히 잘하지 못하는 아이는 학습장애아라고 할 수 있다.

의존적인 아이와 학습장애아를 구별하는 구체적인 기준은 다음과 같다.

의존적인 아이와 학습장애아를 구별하는 기준

– 의존적인 아이들의 특징

① 그렇게 어렵지 않은데도 불구하고, 주제가 조금 바뀌었다는 이유로 설명을 요구한다.

② 듣거나(청각), 보고(시각)해야 하는 과제에 관계없이 설명을 요구한다.

③ 과제를 더 잘하기 위해서가 아니라 주위 사람들의 관심을 얻기 위해서 질문을 하는 경우가 많다.

④ 숙제하는 것이 느리거나 비체계적이지만 보상을 해주면 효과적으로 하기도 한다.

⑤ 옆에 어른이 붙어 있을 때만 공부를 한다.

⑥ 집단 지능 검사보다는 개인 지능 검사에서 더 좋은 점수가 나온다. 왜냐하면 개인 지능 검사에서는 검사를 실시하는 사람이 친절하게 잘 대해주기 때문이다.

⑦ 새 과제를 해야 할 때마다 '나는 불쌍해'라는 몸짓(눈물, 무기력, 시무룩함)을 수시로 표현한다.

⑧ 우는 소리, 불평, 주의를 요하는 행동 등을 하거나 화를 내면 부모가 민감하게 반응한다.

⑨ 한쪽 부모와 있을 때 '나는 불쌍해'라는 몸짓을 보인다. 그러나 다른 쪽 부모와 있을 때는 전혀 그렇지 않다. 학교에서도 특정 선생님에게만 불쌍한 표정을 보인다.

⑩ 일대일로 지도를 받을 때만 열심히 하고, 그룹으로 지도를 받을 때는 아무리 지도 방법이 다양해도 제대로 학습하지 않는다.

- 학습장애아들의 특징

① 특정과제에 대해서 설명해달라고 한다.

② 듣거나(청각), 보고(시각)해야 하는 과제 중 한 가지에 대해서만 설명을 요구한다.

③ 질문이 과제와 관련된 특수한 것으로, 일단 설명해주면 혼자서 과제를 수행한다.

④ 동기 유발을 위해 보상을 해줘도 비체계적이고 느린 행동이 계속된다.

⑤ 과정을 분명히 알게 되면 혼자서 열심히 공부한다.

⑥ 개인검사든, 집단검사든 상관없이 특정능력이 부족하다. 검사자의 격려 역시 아무런 영향을 미치지 않는다.

⑦ 자신이 장애를 경험하고 있는 영역의 과제가 주어졌을 때만 '나는 불쌍해'라는 몸짓을 보인다. 잘할 수 있는 영역에서는 매우 도전적이다.

⑧ 우는 소리나 불평을 해도 부모가 반응을 잘 보이지 않는다. 이는 자주 일어나는 것이 아닌 산발적으로 일어나는 것이라고 생각하기 때문이다.

⑨ '나는 불쌍해'라는 행동이 한 쪽 부모나 특정 선생님과 있을 때만 나타난다고 해도, 이 행동에 대해 다른 사람이 어떻게 반응하는가에 상관없이 과제를 잘 못한다.

⑩ 일대일로 지도하면 더 빨리 학습할지도 모르지만 학습장애를 고려해 그룹으로 지도할 때 훨씬 더 효과적이다.

스스로 계획하고 조직화하는 방법을 가르쳐라

의존적인 아이들은 비조직적일 뿐만 아니라 지나치게 엄격한 구조에 의존하는 경향이 있다. 이에 스스로 시간, 과제, 정보를 조직화하지 못한 채 다른 사람이 짜놓은 대로 움직인다. 따라서 이런 아이들은 스스로 계획하고 조직화하는 방법을 배울 필요가 있다. 그러자면 선생님의 역할이 매우 중요하다.

선생님은 아이들이 주변을 깨끗이 정리하고, 숙제 노트에 숙제를 할 수 있도록 시간을 할애해주는 것이 좋다. 그리고 이를 통해 아이들이 스스로 조직화해나갈 수 있도록 격려해야 한다.

시험 역시 마찬가지다. 선생님이 조직화 방법을 가르쳐준 후 어떻게 조직적으로 준비해야 하는지 스스로 계획을 세우게 해야 한다. 그렇게 해서 학업 성취도가 향상되면 점차 모든 것을 알아서 하도록 하는 것이 좋다.

책과 노트를 정리하는 방법 역시 가르쳐줄 필요가 있다. 한 번 가르쳐준다고 해서 곧 그런 습관이 생기지는 않겠지만 반복해서 하다보면 결국 정리 습관이 생기게 된다. 이에 자신의 책상과 사물함에 어떤 책과 노트를 꽂을 것인지를 스스로 정하게 한 후 항상 제자리에 놓도록 해야 한다. 그리고 만일 이를 어길 경우에는 책과 노트를 압수해 함부로 방치하면 안 된다는 사실을 명확하게 인식시킬 필요가 있다. 이에 책과 노트를 방치하는 일이 반복되면 적절한 처벌을 받기로 사전에 약속하는 것도 좋은 방법이다.

창의적인 사람과 비조직적인 사람은 겉으로 보기에는 별 차이가 없어 보인다. 하지만 창의적인 사람들의 경우 자신이 원하는 것을 정확하게 찾아낼 수 있는 반면, 비조직적인 사람은 절대 그렇게 할 수 없다. 삶이 혼란스러움 그 자체이기 때문이다. 또한 창의적인 사람들은 고정된 생각이나 방법, 수단에 의존하지 않을 뿐만 아니라 혼란스러운 상황을 잘 참으며 무슨 일이건 쉽게 조직화하는 반면, 비조직적인 사람들은 생활이 무질서 그 자체이기 때문에 조직화하기가 쉽지 않다.

과제를 계획하고 진행하는 법을 구체적으로 가르쳐라

요즘 학교에서 내주는 과제를 보면 장기과제가 많이 포함되어 있다. 가족신문 만들기, 우리 마을 조사하기, 역사 유물 조사하기 등이 바로 그것이다.

문제는 그것을 어떻게 수행하느냐이다. 학교에서 수행 방법에 대한 지도 없이 과제만 내주는 경우가 많기 때문이다. 예를 들면, 〈가족

신문 만들기〉를 과제로 내줬다고 해보자. 신문 기획 방법, 기사 작성법, 기사 배치법 등에 대해서 아무것도 모르는 아이들이 과연 그 과제를 제대로 수행할 수 있을까. 그러니 학습 부진아가 당연히 늘어날 수밖에 없다.

특히 의존적인 학습 부진아들의 경우 문제가 훨씬 더 심각하다. 과제를 수행하지 않고 계속해서 미룰 것이 뻔하기 때문이다. 그러다가 마감 전에야 대충 과제를 해치우고, 시간이 부족했다고 변명할 것이 틀림없다. 따라서 장기과제의 경우, 과제 완수에 필요한 시간과 어떻게 계획하고 진행해야 하는지 등에 대해서 구체적으로 가르쳐줄 필요가 있다.

다음은 장기과제를 계획하는 방법과 그것에 대한 예시다.

장기과제를 계획하는 방법

① 과제 마감까지 얼마나 남았는지 체크한다.

② 해야 할 일에 따라 일정을 나눈다.

③ 각 부분을 진행하는 데 있어 필요한 날을 남아 있는 날에 맞춰 나눈다. 예를 들면, 과제 마감까지 15일이 남았고, 과제를 7부분으로 나눈다면 15일을 7로 나누어 필요한 일수를 계산한다. 이때 예상보다 시간이 더 걸릴 경우를 대비해 1~2일 정도는 예비일로 남겨둘 필요가 있으며, 매일 자신이 해야 할 일과 어느 단계를 언제까지 마쳐야 하는지 달력에 표시해두는 것이 좋다.

장기과제 계획의 예

- 1월 4~8일(5일) - 도서관 자료조사 및 독서카드 만들기

- 1월 9일(1일) - 독서카드 정리

- 1월 10~11일(2일) - 보고서 개요 정하기 및 단계별로 나누기

- 1월 12~14일(3일) - 하루에 한 부분씩 과제 작성하기

- 1월 15~16일(2일) - 수정 및 보완

- 1월 17일(1일) - 최종안 작성

- 1월 18일(1일) - 만일의 경우에 대비한 예비일

PART. 7
이기려고만 하는
아이들을 위한
UP학습코칭

부모가 반드시 해야 할 일

처음부터 실패를 경험하게 하라/ 아이와 자신을 동일시

하지 마라/ 부모의 기대를 함부로 전달하지 마라…

선생님이 반드시 해야 할 일

공부와 특기를 균형 있게 발전시키도록 하라/ 다른 아이

들과 경쟁할 수 있는 기회를 제공하라/ '선생님은 내 편'

이라고 생각하게 하라…

　　■■■■　매사에 지배적이고 이기려고만 하는 성향은 일찍부터 어떤 일에 뛰어난 재능을 발휘해 너무 많은 주목을 받았기 때문에 생긴 것이다. 문제는 주위의 관심을 지나치게 받을 경우 재능이 더욱 발달하기도 하지만 극심한 스트레스를 겪을 수도 있다는 점이다. 이런 아이들에게 가장 좋은 교육법은 처음부터 실패를 경험하게 하는 것이다. 그리고 이를 통해 실패해도 결코 큰일이 일어나지 않으며, 친구들이 오히려 자신을 더 좋아하게 될 수도 있다는 사실을 알려줄 필요가 있다.

부모가
반드시
해야 할 일

지금까지 아무 문제도 없었던 아이가 앞으로 문제를 일으킬 가능성이 높다는 이야기를 듣고 부모가 하루아침에 양육 태도를 바꾸기란 결코 쉽지 않다. 왠지 억측 같기도 하고 비합리적인 것처럼 보이기 때문이다. 아마 대부분의 부모들은 아이가 행복해 하고 잘하고 있는데, 왜 다른 방법을 제시해야 하는가?라며 의문을 제기할 것이 틀림없다.

물론 학습 부진 조짐이 발견되지 않는 한 양육 태도를 변화시킬 필요는 없다. 그러나 아이에게 나타나는 이러한 징조는 마치 빙산의 일각에 불과하다. 따라서 겉으로 드러나는 사실보다는 표면 아래 있는 문제들을 면밀히 살피고 냉정하게 판단할 필요가 있다.

처음부터 실패를 경험하게 하라

항상 자신만 옳고, 자기보다 더 잘하거나 많이 아는 사람은 없으며, 자기가 시키는 대로 모든 아이들이 따라야만 하고, 자신을 제외한 다른 사람은 말할 자격도 없다고 생각하는 아이들이 있다. 이런 아이들이 바로 매사에 이기려고만 하는 지배적인 유형의 아이들이다.

이렇듯 매사에 이기려고만 하는 아이들은 혹시 남이 틀렸다고 지적하거나 스스로 틀린 것을 발견하더라도 이를 절대 인정하지 않는 특성이 있다. 오히려 다른 아이를 비난하거나 어른들에게 따지고 드는 경우가 많다.

사실 매사에 지배적이고 이기려고만 하는 성향은 일찍부터 어떤 일에 뛰어난 재능을 발휘해 너무 많은 주목을 받았기 때문에 생긴 것이다. 문제는 주위의 관심을 지나치게 받을 경우 재능이 더욱 발달하기도 하지만 극심한 스트레스를 겪을 수도 있다는 점이다. 특히 아이들의 경우 주위의 지나친 관심에 중독되게 되면 잘할 수 있는 분야에서만 능력을 발휘하려고 하는 반면, 관심과 성공이 보장되지 않는 분야에는 신경조차 쓰지 않는다.

이런 아이들에게 가장 좋은 교육법은 처음부터 실패를 경험하게 하는 것이다. 그리고 이를 통해 실패해도 결코 큰일이 일어나지 않으며, 친구들이 오히려 자신을 더 좋아하게 될 수도 있다는 사실을 알려줄 필요가 있다.

문제는 이런 조언을 잘 따르는 부모들이 있는 반면, 대부분의 부모들은 이를 잘 받아들이려고 하지 않는다는 것이다. 심지어 쓸데없는 걱정이라며 무시하는 부모들도 더러 있다.

아이와 자신을 동일시하지 마라

세계적인 교육학자인 미국 시카고대학 벤자민 블름(Benjamin. S.Bloom) 교수에 의하면, 아이가 성취를 하는 데는 부모의 흥미와 열정, 아이와 부모가 갖고 있는 비슷한 능력이 중요한 역할을 한다고 한다.

하지만 아이와 부모가 똑같은 영역에서 매우 강한 흥미를 갖고 있을 때는 오히려 문제가 될 수도 있다. 경쟁적이며 성취 지향적인 부모들의 경우 아이가 경쟁에서 이기면 매우 기뻐하는 반면, 실패하면 절망하기 때문이다. 이는 아이의 성공과 실패를 마치 자신의 것처럼 받아들이기 때문이다.

이렇듯 아이의 우수성과 경험이 부모와 비슷할수록 부모는 아이가 이기고 지는 것에 대해서 더 강한 집착을 하게 된다.

사실 부모 입장에서 아이와 자신을 분리시켜 생각한다는 것은 매우 어려운 일이다. 특히 아이에게 시간과 노력을 많이 투자한 부모일수록 더욱 그렇다. 일례로, 예술적인 직업이나 성향을 가진 부모의 경우 아이의 예술적인 재능으로 인해 자신의 꿈 역시 이룰 수 있다고 생각하는 경향이 다분하다.

그렇다면 부모는 왜 아이와 자신을 분리해서 생각해야 하는 것일까. 나아가 왜 아이의 수행에 대해 지나치게 좌절하거나 흥분해서는 안 되는 것일까.

부모가 느끼는 감정은 아이들에게 너무도 잘 전달된다. 따라서 성공과 실패에 대해 부모가 민감하게 반응할 경우 아이들이 받는 스트레스는 실로 엄청나다. 그 결과, 이기는 것에 매우 집착하게 될 뿐만 아니라 질 것 같은 활동은 아예 시도할 생각조차 하지 않게 된다.

　머리가 아무리 좋은 아이라도 무슨 일이건 잘하고, 모든 분야에서 성공할 수는 없다. 하지만 많은 부모들이 이런 불가능한 생각을 아이에게 암암리에 전달하곤 한다. 과연 아이가 가장 인기 있는 사람, 뛰어난 운동선수, 졸업생 대표가 되는 것이 그렇게 중요한 것일까.

　중요한 것은 부모의 압력으로 인해 아이가 전혀 다른 메시지를 받을 수도 있다는 사실이다.

부모의 기대를 함부로 전달하지 마라

　이기려고만 하는 아이들의 가정은 대부분 경쟁이 생활화되어 있다. 이에 가족 구성원 모두가 자신이 이길 수 있는 활동에만 집착하며, 1등을 할 수 없는 일에는 애초에 관심조차 갖지 않는다. 하지만 이는 아이들 교육에 있어 매우 잘못된 일이다.

　부모는 다른 분야의 활동 역시 충분히 재미있고 의미가 있음을 솔선수범할 필요가 있다. 또한 경쟁상대를 인정하고 칭찬해주는 것 역시 필요하다. 하지만 "너도 경쟁자처럼 잘해야 한다'는 의미를 전달해서는 안 된다. 예를 들면, 부모와 아이가 모두 테니스를 좋아한다고 하자. 윔블던 대회를 시청하면서 선수들을 잘 관찰하고, 기술을 배우도록 조언하는 것은 좋다. 그러나 많은 부모가 그렇듯이 "꾸준히 연습하면 너도 언젠가는 저런 선수가 될 수 있을 거야"라며, 자신의 마음을 그대로 전달해서는 안 된다. 아이에게 실현 가능성 없는 꿈과 비합리적인 경쟁심을 심어줄 수 있기 때문이다.

　아이의 재능이 뛰어나면 언제든지 아이 스스로 훌륭한 목표를 세울 수 있다. 그러나 아직 나이가 어린 아이들의 경우 또래들과의 경쟁을 유도하는 것이 훨씬 더 바람직하다.

흔히 우리는 아이들에게 열심히 하면 무엇이든 이룰 수 있다고 말하곤 한다. 연습을 통해 어느 정도 능력이 신장될 수 있는 건 사실이다. 하지만 모두가 올림픽 대표 선수나 뛰어난 오페라 가수, 프리마돈나, 프로야구 선수가 될 수 있는 것은 아니다.

부모는 농담 삼아 아이에게 자신의 기대를 전했을지도 모른다. 하지만 아이가 받아들이는 메시지는 전혀 다를 수 있다. 특히 매사에 이기려고만 하는 아이들의 경우 부모로부터 그런 말을 듣게 되면 즉각 반응하는 경향이 있기 때문에 그때부터 그 일에만 매달리게 된다. 이에 학교 공부는 당연히 뒷전으로 밀려나고 만다.

다양한 경험을 쌓을 수 있도록 격려하라

내재적인 동기란 '그저 좋아서 하고 싶은 것'을 말한다. 즉, 상을 탈 수 있거나, 칭찬을 받을 수 있어서가 아니라 '그저 좋아서' 하고 싶은 것이다.

이기려고만 하는 아이들은 경쟁이 없는 활동과 잘해도 상을 주지 않는 활동에는 전혀 관심이 없다. 하지만 이 역시 즐길 수 있어야 한다. 문제는 다른 활동에 참여할 시간이 없다는 것이다.

많은 영재들이 청소년기에 들어서야 자신이 지나치게 제한된 분야에만 관심을 가져왔다는 사실을 깨닫곤 한다. 이는 그만큼 경험의 폭이 좁다는 것이다.

아이들의 경험을 확장시키려면 내재적인 동기를 유발시킬 수 있는 활동에 참여시키는 것이 좋다. 또한 특정영역 활동에 초점을 맞춘 캠프나 흥미 위주의 또래 집단 활동을 통해 경험을 넓히는 것 역시 좋은 방법이다. 이런 활동을 통해 다양한 경험을 확장시킬 수 있기 때문이다. 이에 축구에 재능이 있는 아이라면 연극 활동에 참여해 보게 하는 것이 좋다. 아이에게 또 다른 즐거움과 재미를 맛볼 수 있게 해주기 때문이다.

학교 공부를 최우선적으로 생각하게 하라

이기려고만 하는 아이들의 경우 부모와의 의사소통이 매우 중요하다. 특히 중·고등학교 때보다는 초등학생 때 더 많은 대화를 나눠야 한다. 중·고생의 경우 이미 수많은 경쟁을 통해 거기서 오는 스트레스를 내면화했을 수 있기 때문이다.

아이들에게 있어 공부는 매우 중요하다. 이에 항상 공부를 최우선적으로 생각하게 해야 한다. 아이가 어렸을 때 이런 메시지를 확실히 전달하게 되면 다른 일 때문에 숙제를 못했다는 변명은 더 이상 하지 않게 된다. 하지만 대부분의 부모들은 이와 반대되는 메시지를 전달하곤 한다.

여행이나 운동 때문에 아이를 학교에 빠지게 하는 것은 아이에게 학교 공부는 그리 중요하지 않다고 말하는 것과도 같다. 따라서 불가피한 가족행사나 몸이 아플 때를 제외하고는 아이를 반드시 학교에 보내야 한다. 하지만 이때도 학교 숙제만큼은 반드시 하도록 해야 한다. 그래야만 부모가 학교 공부에 중요한 가치를 두고 있음을 아이가 명확히 인식할 수 있기 때문이다.

특히 이기려고만 하는 아이들에게는 무엇이 가장 중요하고, 부차적인지 스스로 판단할 수 있도록 도와주는 것이 중요하다. 왜냐하면 이기려고만 하는 아이들의 경우 매일 반복되는 수업보다는 많은 사람들로부터 박수갈채를 받을 수 있는 무대나 운동장이 훨씬 더 매력적이라고 생각하기 때문이다. 물론 재능이 뛰어난 아이에게는 나름대로 특별훈련과 연습을 허용할 필요가 있으며, 학교 수업 역시 부담을 줄여줄 필요가 있다. 하지만 그 분야에서 성공하지 못할 경우 역시 대비해야 한다. 학창 시절 연극에 뛰어난 재능을 보였지만 여러 가지 사정으로 인해 연극의 꿈을 접어야 할 수도 있기 때문이다. 그렇다고 해서 지나칠 정도로 공부만 강조하고 아이가 재능을 보이는 활동을 금지하라는 것은 아니다. 아이로 하여금 한 가지 재능이 뛰어나기 때문에 학교 공부는 안 해도 된다는 생각을 갖게 해서는 안 된다는 것이다.

실패한 사람들의 감정을 배우게 하라

이기려고만 하는 아이들은 겉으로 보기에는 친구들과 잘지내는 것처럼 보인다. 또한 항상 생산적이며 활동적일 뿐만 아니라 이길 수 있는 활동에만 매달리기 때문에 지는 모습을 결코 볼 수 없다. 이에 자신의 삶에 매우 만족스러워 한다. 하지만 그것도 잠시다. 올라갈 때가 있으면 내려갈 때도 있기 때문이다.

이들은 자신보다 못하던 친구가 점점 더 높은 성취를 하는 것을 보면 몹시 우울해 한다. 특히 대학 입학이나 취업 전선에 뛰어들 때, 가족과 떨어져서 혼자 지내야 할 때, 자신의 생각대로 일이 풀리지 않을 때, 자신보다 더 잘나가는 친구의 모습을 보면서 큰 좌절과 실패를 경험하게 된다.

그렇다면 어떻게 하면 실망과 좌절을 이겨내고 현실에 잘 적응하게 할 수 있을까.

어렸을 때부터 실패한 사람들의 감정에 대해서 배우게 해야 한다. 그렇게 함으로써 언젠가는 반드시 부딪치게 될 실패를 극복할 수 있는 법에 대해서 간접적으로 배울 수 있다. 또한 다른 사람의 감정에 공감하게 되면 성공과 실패가 반복되는 어른들의 세계에도 잘 적응할 수 있다. 그렇다고 해서 칭찬은 하지 않고 실패한 사람의 감정만 생각하도록 해선 안 된다. 부모가 그것에만 관심이 있다고 생각할 경우 자신을 지지해주지 않는다고 불평할 수도 있기 때문이다.

중요한 것은 다른 사람의 감정을 생각하도록 요구하기 전에 아이의 성공적인 수행에 대해서 먼저 말해주는 것이다. 그렇지 않으면 자신의 노력을 알아주지 않는다고 생각한 나머지 스스로 위축될 뿐만 아니라 부모의 말 역시 따르지 않게 된다.

비판에 익숙해지도록 하라

이기려고만 하는 아이들은 무슨 일이든 자신의 방식대로만 하려고 한다. 이에 자신의 활동을 스스로 통제한다고 느끼는 것을 좋아하는 반면, 다른 사람이 자신을 비판하면 즉시 방어적인 자세를 취한다.

비판을 받아들이지 않겠다는 것은 스스로 문제가 있음을 인정하는 것과 같다. 또한 자신만 완벽하다고 생각하는 것 역시 합리적이지 않다. 심지어 부모 역시 아이에게 상처를 줄까봐 부정적인 평가를 하지 못한다. 하지만 자신의 재능을 발달시키기 위해서는 타인의 비판을 수용할 줄 알아야 한다.

아이가 아무리 떼를 쓰고, 짜증을 내며, 눈물을 흘리더라도 결코 물러서서는 안 된다. 나아가 비판에 익숙해지도록 분석적으로 생각하는 법을 가르칠 필요가 있다. 이때 문제점을 글로 쓰게 하면 효과적이다. 글로 쓸 경우 말로 하는 것보다 아이가 거부감을 덜 갖기 때문이다. 다만, 처음에는 다소 화를 내고 외면할 수도 있다. 하지만 곧 부모의 비판을 수긍하게 되고, 이런 평가에 익숙해지게 되면 이기려고만 하는 성향 역시 차츰 줄어들게 된다. 또한 부모와 아이가 다른 사람의 수행을 함께 긍정적으로 분석하게 되면, 아이는 평가와 비판을 건설적이고 가치 있는 것으로 인식하게 되고, 이는 아이의 미래에 긍정적인 영향을 미치게 된다.

하지만 이미 방어적인 태도가 굳어져 있다면 새로 배우는 분야에 한정해 이 방법을 사용하는 것이 좋다. 새로 배우는 영역이나 자신이 전문가라고 생각하지 않는 분야에서는 다른 사람의 비판에 대해 무조건 방어적이지 않기 때문이다.

평가(비판)를 연기하거나 피해야 할 때도 있다. 특히 승리나 패배의 감정을 느끼는 순간에는 평가를 하지 않는 것이 좋다. 과잉반응을 보일 수 있기 때문이다.

시간적으로 압박을 받는 상황에서도 평가를 하지 않는 것이 좋다. 예를 들면, 학교에 갈 시간에 임박해서 숙제를 할 때는 부모의 평가를 받아들일 여유가 없으므로 평가를 하지 않는 것이 좋다.

자발적으로 아이디어를 생각해내려고 할 때, 문제해결의 초기 단계에서도 평가를 피해야 한다. 아이디어를 충분히 생각해낼 때까지 평가를 하지 않아야 창의성이 발휘될 수 있기 때문이다.

마지막으로, 모든 것을 다 비판하지 않아야 한다. 부모라고 해서 아이들의 모든 것을 평가하게 되면 자존감은 물론 자신감을 크게 해칠 수 있기 때문이다.

선생님이
반드시
해야 할 일

항상 이기려고만 하는 아이들에게 있어 몇몇 선생님(아이가 재능을 보이는 분야의 선생님)은 많은 영향을 미친다. 특히 청소년기에는 부모보다 훨씬 더 많은 영향을 미치게 된다. 아이들에게 역할모델이 될 수 있을 뿐만 아니라 미래를 계획하는데 있어서도 적지 않은 동기를 부여하기 때문이다.

하지만 이때 선생님들이 유의해야 할 점이 하나 있다. 재능 있는 분야의 활동을 열심히 하되, 자신이 선택할 수 있는 직업 분야를 너무 제한하지 않도록 공부 역시 열심히 해야 한다고 강조하는 것이다.

공부와 특기를 균형 있게 발전시키도록 하라

예체능 방면에 재능을 보이는 아이들이 적지 않다. 이에 그 분야 선생님들의 경우, 자신들이 학창시절 느꼈던 재능과 열정 등을 아이들에게서 발견하고 그 꿈을 반드시 이뤄야 한다며 열성적으로 지도하곤 한다. 일부 아이들은 그런 선생님의 말을 맹목적으로 받아들인다.

하지만 선생님은 현실에서의 경쟁이 얼마나 치열한지, 학교 공부가 얼마나 중요한지에 대해서도 함께 설명해줘야 할 의무가 있다. 그리고 이를 통해 공부와 특기를 균형 있게 발전시켜 나갈 수 있도록 해야 한다. 이에 아이가 공부에 흥미가 없거나 성적이 좋지 않을 때는 학과 담당 선생님에게 특별지도를 부탁할 필요가 있다.

다른 아이들과 경쟁할 수 있는 기회를 제공하라

이기려고만 하는 아이들은 어려운 것을 배우거나 자신보다 더 잘하는 아이를 만나게 되면 한층 더 도전의식에 불타곤 한다. 이에 선생님은 아이들이 서로 재능을 나눌 수 있는 기회를 자주 만들어줄 필요가 있다. 특히 이런 경험은 아이들에게 많은 자극을 줄 뿐만 아니라 자신감을 심어주기 때문에 학과 공부는 물론 학습태도에도 큰 영향을 미친다.

하지만 여기에도 한 가지 명심해야 할 점이 있다. 모임에 참석하기 전에 거기서 만날 수 있는 아이들에 대해서 미리 귀띔을 해줘야 한다는 것이다. 간혹 새로운 환경에 잘 적응하지 못하는 아이들이 있기 때문이다.

'선생님은 내 편'이라고 생각하게 하라

이기려고만 하는 아이들은 부모나 선생님의 비판을 받아들이지 않으려는 경향이 있다. 오히려 자신이 재능을 보이는 분야의 지도 선생님의 말을 더 잘 받아들인다.

아이들은 선생님이 자신을 칭찬하지 않으면 비판한다고 생각한다. 이에 국어 선생님이나 수학 선생님이 자신을 비판하면 이렇게 말하곤 한다.

"그 선생님은 날 좋아하지 않아."

"난 수학을 잘할 수 없어."

그렇다면 선생님은 그런 아이들을 어떻게 다뤄야 할까.

우선, 친구들 앞에서 아이를 절대 비판해서는 안 된다. 친구들 앞에서 아이를 비판하게 되면, 선생님이 자신을 모욕했다고 생각할 수도 있기 때문이다. 차라리 비판하기 전에 칭찬을 먼저 하는 것이 좋다. 예를 들면, 학과 성적이 좋지 않은 아이에게는 이렇게 말하는 것이다.

"정말 좋은 아이디어를 생각해냈구나. 그런데 다른 과목에서는 그렇지 않은 것 같던데, 그 과목도 열심히 해보는 건 어떻겠니?"

사실 선생님이 아이들을 지지하면서 동시에 비판하려면 특별한 노력이 필요하다. 아이들은 선생님이 자신의 편이라고 생각할 때만 비로소 마음을 열고 직설적인 비판 역시 받아들이기 때문이다.

이기려고만 하는 아이들의 경쟁상대가 아이들에게만 한정된 것은 아니다. 그들은 선생님과도 자주 경쟁을 한다. 이에 선생님을 이기려고 예상 밖의 행동을 하기도 한다. 선생님이 틀렸다는 것을 증명해 보이고, 친구들에게 선생님보다 자신이 더 똑똑하다는 사실을 보여주려고 하는 것이다. 그 결과, 아이들의 그런 그릇된 행동을 지적하려다가 보이지 않는 싸움을 벌여야 하는 경우도 있다. 하지만 그 아이들은 선생님과의 싸움에서 반드시 이기기 위해 수단과 방법을 가리지 않는다. 따라서 아이를 확실하게 통제할 확신이 없다면 아이와 대립하는 상황은 가능한 한 피하는 것이 좋다.

때로는 선생님과 아이들이 적대관계에 놓일 수도 있다. 이 상황을 해결하는 가장 좋은 방법은 아이와 개인상담을 하는 것이다. 하지만 상담을 할 때는 아주 공정해야 한다. 너무 엄격해도, 너무 약해도 안 된다. 다그치듯 이야기할 경우 오히려 대립할 수 있기 때문이다.

상장과 박수가 없는 일에도 적극 참여하게 하라

이기려고만 하는 아이들은 박수부대가 없으면 매우 고리타분하게 생각한다. 끊임없이 칭찬과 박수를 원하기 때문이다. 나아가 뭔가를 하는 과정을 즐기는 것이 아니라 결과에만 관심을 갖기 때문에 상장이나 박수가 없으면 관심조차 갖지 않는다.

선생님은 아이들의 이런 습성을 이용할 필요가 있다. 그러나 가장 바람직한 것은 아이들 스스로 성장하기 위해서 또는 즐겁기 때문에 참여하도록 만드는 것이다.

다음은 이기려고만 하는 아이들의 흥미와 관심을 불러일으킬 수 있는 과제들이다. 특히 이 활동들은 다양하게 점수를 부여하기 때문에 특별한 보상이 없어도 아이들 스스로 참여할 수 있게 만드는 장점이 있다. **(197페이지 표 참조)**

이 목록 중 추가점수를 얻을 수 있는 프로젝트의 경우 동기가 매우 강해야만 진행할 수 있는 과제다. 이렇듯 그 과제를 완수하려는 욕구가 강해지는 것을 '내재적 동기'라고 한다.

자신의 뜻대로 공부하고 싶은 아이들에게 추가점수를 얻을 수 있는 활동을 격려할 경우, 아이들은 생산적인 일에 기꺼이 참여하게 된다. 이에 선생님은 아이들이 도전적이고 가치 있는 활동에 적극적으로 참여할 수 있도록 끊임없이 격려하고 지지할 필요가 있다.

PART. 8
반항적인
아이들을 위한
UP학습코칭

부모가 반드시 해야 할 일

가장 다루기 힘든 유형의 아이들/ 반항적인 성향은 가능한

한 일찍 바로 잡아라/ 부모의 권위를 존중하게 하라…

선생님이 반드시 해야 할 일

아이와 한 편이 되라/ 주위의 관심과 시선을 끄는 체벌

은 삼가라/ 사랑과 관심, 신뢰를 보여줘라/ 잘못된 생각

은 즉시 바로 잡아줘라…

■■■■ 반항적인 아이들을 돕기 위해서는 왜 그런 행동을 하는지를 이해해야 한다. 아이들은 자신의 뜻대로 할 수 없다고 생각될 때 반항하고 따지는 경향이 있기 때문이다. 그래서 부모나 선생님이 통제하려고 하면 더욱더 반항하며 무조건 이기려고 든다. 심지어 자기 스스로도 억지를 부리고 있다는 사실을 알면서도 끝까지 대든다. 그러면서 자신을 이해해주는 사람이 아무도 없다고 말한다. 그런 점에서 학습 부진아의 여러 유형 중 반항적인 학습 부진아들이 가장 바로잡기 힘들다. 정확한 방법을 통해 다루지 않으면 절대 고칠 수 없기 때문이다.

부모가
반드시
해야 할 일

가정에서 반항적인 학습 부진아를 지도할 때는 아이의 입장을 충분히 이해하려고 노력하는 모습이 필요하다. 그렇다고 아이들이 원하는 대로 모두 해줘서는 안 된다. 아울러 먼 미래를 내다보며 아이에게 정말 필요한 것이 무엇인지에 대해 진지하게 생각해볼 필요가 있다. 아이의 현재 욕구에 좌지우지 되어서는 안 된다는 뜻이다.

가장 다루기 힘든 유형의 아이들

반항적인 아이들을 열심히 공부하게 만드는 것은 매우 어려운 일이다. 특히 반항적인 아이들은 대부분 버릇이 없기 때문에 다른 사람의 기분까지 상하게 만들곤 한다. 하지만 영리하고, 감성적이며, 여린 면도 더러 갖추고 있다.

사실 반항적인 아이들은 어린 시절로 되돌아가고 싶어 한다. 반항적인 행동 역시 그런 이유에서 하는 것이다.

반항적인 아이들을 돕기 위해서는 왜 그런 행동을 하는지를 이해해야 한다. 아이들은 자신의 뜻대로 할 수 없다고 생각될 때 반항하고 따지는 경향이 있기 때문이다. 그래서 부모나 선생님이 통제하려고 하면 더욱더 반항하며 무조건 이기려고 든다. 심지어 자기 스스로도 억지를 부리고 있다는 사실을 알면서도 끝까지 대든다. 그러면서 자신을 이해해주는 사람이 아무도 없다고 말한다. 그런 점에서 학습 부진아의 여러 유형 중 반항적인 학습 부진아들이 가장 바로잡기 힘들다. 정확한 방법을 통해 다루지 않으면 절대 고칠 수 없기 때문이다. 따라서 부모와 선생님이 최선을 다했음에도 불구하고 학습 부진을 치유할 수 없다면 전문가를 찾는 것이 좋다.

반항적인 아이들의 학습 부진을 효과적으로 치유할 수 있는 방법에는 크게 두 가지가 있다.

첫째, 아이들이 갖는 압박감을 이해하고 그들과 한마음이 되는 것이다. 그러자면 아이들이 가진 장점을 크게 부각시켜 생각하고, 아이들에게 이야기 할 시간을 많이 줘야 한다. 어른이 먼저 장황하게 훈계를 늘어놓으면 절대 안 된다. 반항적인 아이들은 자신이 하고 싶은 말을 하는 동안 스스로 문제점을 발견하기 때문이다. 그러면서 어른들과 마음이 통한다고 느낀다.

아이들이 말을 마친 뒤에도 신중할 필요가 있다. 언제나 깊이 생각하고, 최대한 말을 아껴야 하며, 말은 짧고, 단호하며, 엄격해야 한다. 또 언제나 합리적이어야 한다.

둘째, 아이들과 절대 타협해서는 안 된다. 대신 늘 부드러우면서도 단호한 태도를 가지고 아이들이 먼저 말하기를 기다려야 한다.

반항적인 아이들은 하늘의 별이라도 따고 싶을 정도로 큰 야망을 갖고 있다. 이에 불가능할 정도로 높은 목표를 세우는 경향이 있다. 그러다보니 때때로 친구들이 자신을 앞질러가는 모습을 보며 좌절을 맛보기도 한다. 지배하려던 입장에서 우울이라는 낮은 단계로 떨어지며 뒤죽박죽되고 마는 것이다. 그런 점에서 반항적인 아이들은 인내심과 의지가 부족하다고 할 수 있다.

사실 반항적인 아이들을 변화시키기란 매우 어렵다. 만일 아이가 취학 전이라면 의외로 쉽게 고칠 수도 있지만 초등학생이나 중학생이라면 좀 더 어렵고, 고등학생이라면 대단히 어렵다. 하지만 부모와 선생님이 포기하지만 않으면 그 아이들 역시 훌륭한 성인으로 성장할 수 있다.

반항적인 성향은 가능한 한 일찍 바로 잡아라

어떤 아이들은 마치 반항적인 성격을 타고난 것처럼 보이기도 한다. 특히 그런 아이들은 부모가 뭘 해줘도 만족해하지 않는다.

반항적인 아이들은 보통 3세가 되면 부모를 통제하기 시작한다. 부모 입장에서 보면, 이렇게 미운 행동을 하는 괴물을 정말 자신이 낳았는지조차 의심할 정도다. 이에 상상도 할 수 없는 행동을 하는 자신을 발견하고 깜짝 놀라는 부모들도 간혹 있다. 즉, 자신도 모르는 사이에 아이에게 큰소리를 지르고, 때리며, 다그치는 비합리적인 행동에 깜짝 놀라는 것이다.

중요한 것은 아이들의 반항적인 성향은 일찍 발견할수록 그만큼 쉽게 고칠 수 있다는 것이다.

8세 이하의 아이들을 통제하는 방법 중 하나로 '방에 가두기'가 있다. 이는 반항적인 아이들이 가장 원하는 관심을 전혀 보이지 않는 방법이기도 하다. 하지만 제시하는 대로 정확히 따라야만 효과를 거둘 수 있다.

방에 가두기를 성공적으로 사용하는 법

① 아이에게 단호하게 다음과 같이 말한다.

"네가 계속 이런 행동을 하면 10분 동안 아무데도 가지 못하게 방에 가둬놓을 거야."

또한 좋지 않은 행동이 무엇인지에 대해서 정확하게 알려줘야 한다. 자세한 설명 없이 나쁜 행동, 버릇없는 행동이라며 두루뭉술하게 이야기할 경우 설득력이 떨어지기 때문이다.

② 아이가 문을 열려고 하면 바깥에서 문을 잠그는 것이 좋다. 이때 부모는 아이의 안전을 위해 가급적 가까운 곳에 있어야 한다.

③ 절대 부모가 먼저 흥분하거나 화를 내서는 안 된다. 그리고 벌을 받아야만 하는 이유에 대해서 차분하게 설명해줄 필요가 있다.

④ 아이가 벽이나 문을 두드리고, 장난감을 던지며, 소리를 질러도 절대 대꾸해서는 안 된다. 처음 몇 분 동안은 시끄럽겠지만 곧 제풀에 꺾여서 조용해지게 된다.

⑤ 10분 후 문을 열어주고 나가도 좋다고 말한다. 이때 어떤 설명이나 사과, 경고, 사랑도 표현해서는 안 된다. 마치 아무 일도 없었던 것처

럼 자연스럽게 행동해야 하며, 절대 안아줘서는 안 된다.

⑥ 이 방법을 한 번만 제대로 사용하면 그 후에는 경고만으로도 좋지 않은 행동을 충분히 예방할 수 있다.

방에 가두기 방법을 효과적으로 사용하면 다음과 같은 효과를 거둘 수 있다.

우선, 아이가 좀 더 차분하게 행동할 뿐만 아니라 대화 역시 잘하게 된다. 또한 아이를 더 적절하게 통제할 수 있을 뿐만 아니라 양육에 자신감이 생긴다. 이에 부모가 소리를 지르고 다그치는 행동을 다시 반복하지 않는 한 아이 역시 사사건건 따지고 대드는 예전의 말썽쟁이로 되돌아가지 않게 된다.

하지만 방에 가두기 체벌을 한 후 마음이 약해진 나머지 곧 아이를 안아주거나 사과를 하는 부모들도 간혹 있다. 그러나 이런 행동은 아이를 더욱 혼란스럽게 만들 뿐이다.

방에 가두기가 효과적인 이유는 아이가 원하는 관심을 부모가 전혀 보이지 않기 때문이다. 따라서 방에 가두기를 하면서 아이에게 사랑을 표현하게 되면 계속해서 아이에게 이용당할 수밖에 없음을 알아야 한다.

방에 가두기를 할 때 부모들이 흔히 저지르는 실수

다음은 방에 가두기를 하면서 부모들이 흔히 저지르는 실수들이다. 이런 실수는 아이들로 하여금 반항적인 행동을 더욱 조장하게 할 뿐이다. 따라서 특별한 주의가 필요하다.

① 아이가 문이나 벽을 계속 두드려도 절대 대응하지 않아야 한다. 부모가 반응을 보이게 되면, 아이는 아직 자신의 행동이 부모에게 영향을 미치고 있다고 생각해 문을 더 두드리게 된다.

② 아이가 "앞으로 몇 분 남았어요?"라고 묻더라도 아무 대답도 해서는 안 된다. 대화를 나누면 기대했던 효과를 전혀 발휘할 수 없기 때문이다.

③ 체벌 후 아이가 장난감을 방 안에 내동댕이친 것을 보면 대부분의 부모들은 "빨리 깨끗이 치워"라고 요구할 것이 틀림없다. 그러나 체벌이 끝난 뒤 또 다른 요구를 하게 되면 새로운 힘겨루기를 불러일으킬 뿐이다. 따라서 잠시 아무 말도 하지 않는 것이 좋다.

④ 간혹 화낼 것 다 내고, 소리도 다 지른 후에야 체벌을 진행하는 부모들이 있다. 그러나 그때는 이미 늦다. 방에 가두기는 아주 침착하고 조용한 분위기 속에서 진행되어야만 효과가 있기 때문이다.

⑤ 방에 가두기를 하면서 아이의 장난감을 뺏거나 또 다른 체벌을 주게 되면 아이는 그에 반항하게 된다. 따라서 방에 가두기를 할 때는 어떤 체벌도 추가해서는 안 된다.

아이들에게도 스스로 선택하고 결정할 자유가 있다. 하지만 어릴 때는 가급적 제한된 범위 내에서 선택하고 활동하게 해야 한다. 너무 일찍부터 자유를 많이 주게 되면 통제할 수밖에 없는 좋지 않은 행동을 하기 때문이다. 물론 성장해갈수록 그 범위는 당연히 넓어져 갈 것이고, 이를 통해 아이는 보다 더 많은 자유를 느끼면서 더 큰 책임감과 독립심을 갖게 된다.

노력하고 기다림으로써 얻게 되는 성취감을 빼앗지 마라

간혹 젊은 부모들 가운데 아이들에게 비싼 장난감 등을 너무 쉽게 사주는 경우가 있다. 하지만 이는 적지 않은 문제를 만든다. 원하기만 하면 뭐든지 가질 수 있게 된 아이들이 항상 부모가 그렇게 해주기를 바라기 때문이다.

아이들에게 너무 쉽게, 많은 것을 해주는 것은 결과적으로 피해를 주는 것과도 같다. 오랫동안 노력하고 기다림으로써 얻게 되는 성취감을 빼앗기 때문이다. 또한 공부에도 좋지 않은 영향을 미친다. 시간과 노력을 들이지 않고도 좋은 성적을 얻어야 한다고 생각하기 때문이다. 그 결과, 과제를 대충대충 끝내려고 할 뿐만 아니라 무엇이든 당장 결과를 보려고 한다.

부모는 아이에게 노력하고, 기다리며, 참는 것에 대해서 가르쳐야 한다. 사고 싶은 물건이 있다면 직접 일하고 저축한 돈으로 사게 해야 하는 것이다. 이런 경험은 공부하는 과정에도 그대로 적용된다. 스스로 계획하고, 노력하며, 인내하는 아이들이 공부를 못하는 경우는 거의 없기 때문이다.

부모의 권위를 존중하게 하라

반항적인 아이들의 경우 다른 사람을 반드시 이겨야만 자신의 생각과 행동이 옳다고 생각한다. 이에 어떻게 해서라도 다른 사람을 이기려고 하며 끊임없이 경쟁을 한다. 특히 부모와는 그것이 더욱 심하다.

아이들은 부모와 경쟁할 때 다른 사람을 치켜세우거나 멸시하는 방법을 주로 사용한다. 또 어른들과 이야기를 할 때는 어른들을 아이 취급하며, 마치 자신이 어른인 것처럼 말하고 행동한다.

자신이 이길 수 있는 논쟁을 일부러 시작한다는 것이 그들의 특징이다. 이에 논쟁을 시작하게 되면 자신이 이기거나 상대가 어떻게 할 수 없을 때까지 계속되는 경우가 많다. 그리고 상대가 이성을 잃고 화를 내면 자신이 이겼다고 생각한다. 자신을 통제하지 못하는 사람을 실패자로 생각하기 때문이다.

이처럼 반항적인 아이들은 승리감을 즐긴다. 이에 상대가 위기에 처할수록 코너에 몰아넣고, 상대를 무력화 시키는 습성이 있다.

이런 습관은 보통 아주 어린 시절부터 시작된다. 그리고 청소년기에 들어 자신이 하고 싶은 대로 하지 못할 경우 금방 우울해하고 화를 내는 성격으로 표출되게 된다.

이를 바로 잡기 위해서는 부모와 아이의 상호작용 방법이 바뀌어야 한다. 예를 들면, 아이와 토론을 하는 것은 아이의 아이디어를 합리적으로 평가하기 위한 것이지 부모로서의 권위를 갖기 위한 것이 아니라는 사실을 명심할 필요가 있다. 부모는 독재자가 아이라 인도자이기 때문이다. 이에 아이가 성장할수록 보다 더 자유롭고 스스로 의사 결정을 할 수 있는 기회 역시 더 많아져야 한다. 만일 아이가 뭔가를 스스로 결정할 만큼 성숙하지 않았음에도 불구하고, 부모가 부모로서의 권리를 포기한다면 아이는 누군가의 안내를 받기 위해 방황할 것이 틀림없다.

다시 한 번 말하지만, 결과를 통제할 수 없다면 부모는 아이와 대결하지 않는 것이 좋다. 대신 설득, 감동, 솔선수범을 해야 한다. 나아가 절대 논쟁을 벌여서는 안 된다. 만일 논쟁에서 부모가 지게 될 경우 아이의 지배적이고 반항적인 습관만 더욱 강화되기 때문이다. 그리고 이는 부모를 존경하지 않게 만드는 원인이 된다.

부모와 아이는 서로 적대적인 관계가 되어서는 안 된다. 부모는 조용하면서도 강한 통제력을 가지고 있어야 하며, 아이들로부터 존경을 받아야 한다.

그렇다면 어떻게 하면 이 문제를 해결할 수 있을까.

아이가 무엇을 요구하면 즉각적으로 답변하지 말고 그것에 대해 생각할 시간이 필요하다고 말해야 한다. 그래야만 아이들 역시 부모의 권위를 존중하며 인내하는 모습을 보이게 된다.

가족이 함께 하는 시간의 90% 이상을 의견 대립으로 논쟁하거나 대립하는데 소비한다면, 그 가족은 더 이상 성장하는 데 쓸 시간이 없게 된다. 이에 부모는 아이들에게 권위를 보여줘야 하며, 그 방법은 대결이 아닌 설득, 솔선수범, 재미있는 활동을 통해 이뤄져야 한다. 그러면 가정의 분위기도 좋아질 뿐만 아니라 부모의 권위도 서게 된다.

절대 아이의 속임수에 넘어가지 마라

반항적인 아이들은 자신이 원하는 것에 대해 부모나 선생님이 즉각 반응을 보이지 않으면 금세 우울해지곤 한다. 이에 아무리 말을 해도 대답하지 않고 방에서 나오지 않는 경우가 많다. 이런 행동을 통해 부모나 선생님이 자신의 요구를 받아들이거나 혹은 자신이 생각하는 대안을 받아들이도록 압력을 행사하는 것이다. 만일 여기에 넘어가 아이의 요구를 들어주게 되면 어떻게 될까.

언제 그랬냐는 듯이 다시 예전의 모습으로 되돌아간다. 하지만 이는 더 이상 부모나 선생님이 아이를 통제할 수 없다는 뜻이기도 하다. 이에 부모와 선생님은 아무렇지 않게 반응할 필요가 있다. 아이가 속상해하는 것에 절대 과민하게 반응해서도, 아이에게 설득당해서도 안 된다. 아이가 자신의 뜻을 포기할 수 있도록 단호하고 명확하게 이야기해야 한다.

"친구 생일파티에 못가서 기분이 안 좋지? 하지만 오늘은 할머니 생신이기 때문에 할머니 집에 가야 한단다. 그러니 아무리 울어도 소용없어."

물론 아이가 할머니 집에 가서도 계속 슬퍼하거나 우울해 할 수도 있다. 이때는 다른 가족에게도 아이를 무시하도록 해야 한다. 그리고 아이에게 무척 실망스럽다는 사실을 슬쩍 전달한 후 가만히 내버려두면 대부분은 30분 이내 가족들과 다시 어울리게 된다.

중요한 것은 부모의 거절을 아이가 명확하게 받아들이도록 하는 것이다. 이에 때로는 혼자 고민하도록 내버려둘 필요가 있다. 아이의 슬픔을 달래기 위해서 물질적인 보상을 해주면 절대 안 된다. 약간의 실망을 통해 더 큰 어려움을 견뎌낼 수 있도록 준비시켜야 하기 때문이다.

하지만 아이가 청소년기에 접어들었다면 어린 시절과는 다른 방법을 사용해야 한다. 예를 들어, 아이가 부모에게 뭔가를 요구했다고 하자. 그럼 보통은 거기에 맞는 대답을 하기 마련이다. 하지만 중·고등학생들, 즉 청소년들에게 이 방법은 더 이상 효과가 없다. 그렇다면 과연 어떻게 하는 것이 좋을까.

그럴 때는 대답하기 전에 충분히 생각할 시간을 가져야 한다. 그리고 자신의 지위를 방어하거나 유지할 수 있다는 확신이 서지 않으면 '안 돼'라는 대답을 섣불리 해서는 안 된다. 대신 아이로 하여금 자신이 원하는 것을 얻을 수 있도록 스스로 노력하고 인내할 수 있도록 돕는 것이 좋다.

이런 과정을 통해 아이는 원한다고 해서 무엇이든 얻을 수 있는 것이 아니라는 사실을 깨닫게 된다. 나아가 부모를 조종해서 원하는 것을 얻으려던 일을 그만두게 될 뿐만 아니라 필요한 것을 얻기 위해서 스스로 노력하게 된다.

다음 사례를 보자.

13살인 지혜는 얼마 전부터 거울을 보는 횟수가 부쩍 늘었다. 사춘기에 접어들면서 외모에 신경 쓰기 시작한 것이다. 이에 얼마 전부터 안경대신 렌즈를 끼고 싶다며 엄마 아빠를 졸랐다. 그러나 엄마 아빠는 안경을 새로 맞춘 지 채 1년도 안 되었기 때문에 반대했다. 또한 지혜가 아직 어려서 렌즈를 잘 관리할 수 있을지도 걱정이 되었다. 하지만 그때부터 지혜의 얼굴에서 웃음이 사라졌다.

필자는 상담을 하러 온 지혜 엄마에게 아이를 이기려고 하기보다는 다음과 같은 대화를 통해 아이와 협상할 것을 조언했다.

"지혜야, 엄마도 네가 왜 렌즈를 끼고 싶어 하는지 알아. 하지만 렌즈를 끼게 되면 관리도 어려울 뿐만 아니라 매우 위험하단다. 그래서 네가 좀 더 큰 다음에 끼는 것이 좋을 것 같구나. 또 지금 끼고 있는 안

경을 구입한 지도 얼마 안 되었잖니. 렌즈 값 역시 만만치 않고. 그래도 정말 렌즈를 끼고 싶다면 용돈 받은 걸 저축해서 렌즈 값의 절반을 네가 부담하는 것이 좋을 것 같다."

이렇게 부모와 아이가 협상을 하게 되면 아이는 원하는 것을 얻을 때까지 기다리는 것을 배우게 된다. 서로 싸우지 않고 편안하게 문제를 해결할 수 있는 것이다.

그러나 이와 반대로 부모가 다음과 같이 말한다고 해보자.

"안 돼. 넌 어떻게 갖고 싶은 걸 다 가지려고 하니? 돈 없어."

"안 돼. 또 뭘 사달라는 거니? 우리 형편에 네가 사달라는 걸 다 사 줄 수는 없어."

부모의 이런 말에 아이는 과연 어떤 반응을 보일까. 그 결과는 생각하지 않아도 뻔하다. 기가 죽은 나머지 계속해서 우울한 표정을 지을 것이며, 보다 못한 부모는 결국 또다시 항복할 것이 틀림없다.

이는 반항적인 아이들이 주로 사용하는 '우울증을 이용한 부모 조작 방법'이다.

아이가 부모를 교묘히 다루지 못하게 하는 방법에는 크게 두 가지가 있다.

첫째, 슬퍼하고 우울해 한다고 해서 원하는 것을 주지 않는 것이다.

둘째, 아이에게 자신이 필요한 것은 스스로 노력해서 얻도록 가르치는 것이다.

부모는 아이들의 이런 습관을 바로 잡기 위해 적극 노력할 필요가 있다. 나아가 이런 과정을 통해 아이 스스로 자신감을 쌓을 수 있도록 해야 한다.

아이가 하고 싶은 일을 하게 하라

'죽어버릴 거야!'

이는 반항적인 아이들이 부모를 조종하기 위해서 사용하는 가장 강력한 방법이다. 이 말을 들은 부모의 심정은 과연 어떨까. 아무리 말뿐이라지만 심각한 고민에 빠질 것이 틀림없다.

실제로 자살을 기도하는 행위는 '죽어버리겠다'는 말보다 부모를 더 심하게 다루는 행동이다. 따라서 이 경우에는 반드시 전문가의 도움이 필요하다.

자살을 기도하는 것은 무력감으로 인해 생기는 최후의 수단이다. 무엇이든 자기 마음대로 하다가 어느 순간 그렇게 할 수 없게 되면 반항적인 아이들은 무력감에 빠지곤 한다. 물론 청소년 자살이 모두 좌절을 이겨내지 못해서 일어나는 것은 아니다.

사실 반항적인 아이들은 매우 사교적이며 활동적이다. 이에 친구들과 함께 어울리면서 자신감을 얻는다. 그러다보니 그들에게 있어 휴식은 따분한 것에 지나지 않는다. 무력감과 목표에 대한 상실감을 주기 때문이다.

규석이는 무책임할 뿐만 아니라 학업 성적 역시 좋지 않다. 이에 아빠는 규석이를 스파르타식 학원에 등록시켰다. 그러자 규석이는 아빠를 공격대상으로 삼기 시작했고, 반드시 아빠를 이기겠다고 결심했다.

그 후 규석이는 학원에 저항하는 것은 물론 공부 역시 전혀 하지 않았다. 그리고 학원과 부모에게 슬며시 자살을 암시하는 편지를 보내기도 했다. 이에 부모는 아들을 잃을지도 모른다는 두려움에 더 이상 학원에 다니지 않아도 된다고 말했다. 그러자 부모를 이겼다는 승리감에 도취된 규석이는 여름방학 내내 집에서 빈둥거리며 지냈다. 그런 규석이를 보면서 부모는 다소 안심이 되었다.

사실 규석이는 혼자 지내는 날이 많다. 그러다보니 다른 사람과 이야기를 나누는 일 또한 거의 없다. 친구나 친척이 와도 얼굴조차 내밀지 않는다. 가족 여행 역시 관심이 없다. 산책을 하거나, 텔레비전을 보거나, 오락을 즐기는 것이 고작이다. 가족들과는 거의 이야기를 나누지 않는다. 특히 아빠와는 때때로 언쟁을 하기도 하는데, 그때마다 가족들은 규석이가 아빠를 적대시한다는 느낌을 받곤 한다. 그러다가 결국 사고가 터지고 말았다.

여름방학이 거의 끝나갈 무렵, 술을 마신 후 다른 사람과 시비가 붙은 것이다. 부모가 왜 그랬냐고 묻자 규석이는 이렇게 대답했다.

"그냥 지겨웠어요. 하지만 내가 왜 그런 행동을 했는지는 나도 잘 모르겠어요."

규석이는 자신이 원치 않은 학원에 보낸 부모에 대해 화가 났다고 했다. 하지만 사실은 아빠를 이긴 흥분과 승리감에 도취되어 에너지를 분출할 창구를 찾고 있었던 셈이다. 거기에 아빠에 대한 반항심 역시 더해졌다.

그 후 부모는 규석이가 원하는 일을 할 수 있도록 했다. 뚜렷한 목표를 가지고 있는 일을 해야만 에너지를 분출시킬 수 있다고 생각했기 때문이다.

반항적인 아이들에게 있어 우울증은 목표가 분명치 않기 때문에 생기는 것이다. 때문에 그들에게 있어 바쁘지 않은 삶은 지루하기 짝이 없다. 따라서 그런 아이들에게는 갇혀 있는 에너지를 분출할 수 있는 분출구를 찾아줘야 한다. 그렇지 않으면 무의미하고 파괴적인 행동을 할 수 있기 때문이다.

아이가 다친 후에 붕대를 들고 달려가기보다는 다치지 않도록 사전에 미리 방지하는 것이 중요하다. 그러므로 혹시라도 아이에게서 반항적인 증세를 발견한다면 그 적대감을 긍정적인 방향으로 되돌릴 필요가 있다. 물론 그것이 결코 쉬운 일은 아니다.

어렸을 때부터 혼자 지내는 법을 가르쳐라

지루함으로 인해 생기는 우울증은 아이 스스로 재미있는 활동을 할 수 있다는 사실을 깨우칠 때 비로소 막을 수 있다. 이에 아이가 어렸을 때부터 혼자 지내는 법을 배우게 되면 청소년기에 큰 효과를 거둘 수 있다. 적어도 지루해서 생기는 우울증 때문에 고통 받지 않기 때문이다. 때문에 아이들은 가끔씩 혼자 놀게 하는 것이 좋다. 하지만 반항적인 청소년들에게 있어 이러한 접근은 시기적으로 너무 늦다. 이런 경우에는 그들이 좋아하는 일을 할 수 있도록 해주는 것이 좋다.

긍정적인 자긍심을 갖도록 가르쳐라

그렇다면 어떻게 하면 반항적인 아이들로 하여금 긍정적인 자긍심을 갖게 할 수 있을까.

반항적인 아이들은 감정에 매우 민감할 뿐 아니라 논쟁에 익숙하다. 이에 어떻게 하면 부모가 약해지는지 잘 알고 있으며, 적시에 자극을 가한다.

그렇다면 부모와 아이 사이의 끊임없는 악순환의 고리를 끊기 위해서는 과연 어떻게 해야 할까.

아이와 약속을 하는 것이다. 하지만 여기에는 전제조건이 있다. 부모가 아이의 강점·약점·벌·상 등 4가지를 반드시 확인해야 하는 것이다.

강점은 아이의 좋은 점을 말하며, 약점은 부모가 싫어하는 아이의 특징을 말한다. 벌은 아이가 좋지 않은 행동을 했을 때 부모가 이를 제한하는 것을 말하며, 상은 아이가 바람직한 행동을 하고 싶도록 동기를 부여하는 것을 말한다.

다음 사례를 보자.

지선이와 엄마 아빠의 약속

- **강점** : 창의적이며, 친구에 대해 민감함. 친절하고, 지능이 높으며, 매력적임. 창의적인 글쓰기와 요리를 잘하며, 옷에 대한 감각과 음악적 재능이 뛰어남.

- **약점** : 부모와 선생님을 존경하지 않고, 따지기를 좋아함. 먹는 것에 매우 까다롭고, 사치스러우며, 낭비벽이 있음. 학교 공부를 계속 미루기 일쑤고, 학습습관이 나쁨.

- **벌** : 용돈을 줄이고, 옷을 덜 사준다. 텔레비전을 보지 못하게 하고, 음악공연 관람을 제한하며, 주말에 친구들과 놀지 못하게 한다.

- **상** : 용돈을 더 많이 주고, 외식을 한다. 특별한 여행을 보내주고, 집

에 친구를 초대할 수 있으며, 콘서트 및 발레 티켓을 구입할 수 있도
록 한다.

　필자는 지선이 부모에게 적어도 하루에 한 번은 지선이의 좋은 점
을 부각시키며 이야기를 나누도록 했다. 하지만 좋지 않는 점에 대해
서는 철저히 반응하지 말하고 했다. 그리고 지선이의 약점을 없애기
위해 가장 고치고 싶은 약점 1~2개를 골라 벌과 보상을 이용하도록
했다. 아울러 지선이에게 긍정적인 대안을 제시하도록 조언했다.
　지선이 부모의 경우 좀 더 효과적인 벌이나 강력한 보상을 선택하
고 싶어 했지만 섣부르게 강력한 벌과 상을 사용해서는 안 된다. 아
이가 부모의 권위를 인정하지 않는 것은 물론 존경하지 않을 수도 있
기 때문이다. 아이의 나쁜 행동을 변화시키기 위해서는 부모가 가진
권력을 계속 유지해야 한다.
　다음은 엄마와 지선이가 약속을 하는 과정이다. 엄마는 상담을 통
해 지선이의 강점을 부각시키면서 설득작업을 병행했다.

엄마 : 지선아, 엄마는 네가 공부를 열심히 하도록 돕고 싶어. 넌 머리
도 좋고, 누구보다도 더 창의적이잖니. 하지만 네가 숙제와 공부를 자
주 미루기 때문에 네 능력이 제대로 발휘되지 못하는 것 같아. 뭐든지
노력하면 잘할 수 있단다. 성적 역시 마찬가지고.

지선 : 학교 공부는 재미도 없을 뿐만 아니라 제 마음대로 할 수도 없
어요. 왜 그것을 해야 하는지 모르겠어요. 선생님은 똑같은 것만 계속
연습하라고 하면서 시간만 때우려고 한단 말이에요.

엄마 : 네가 틀렸다는 게 아니야. 하지만 선생님이 모든 과제를 시간 때우기로 내주는 건 아니란다. 그건 네가 반드시 배워야 할 것들야. 그런 의미에서 네가 제 시간에 공부를 할 수 있는지 실험을 해보는 건 어떻겠니?

지선 : 좋아요!

엄마 : 네가 열심히 하면 상을 줄 수도 있어.

지선 : 상이요? 어떤 상인데요? 아, 재미있겠다. 지난번에 받은 용돈을 다 썼는데, 돈으로 주면 안 될까요? 이왕이면 새 옷도 샀으면 좋겠는데.

엄마 : 그래, 네가 잘만 하면 저축도 할 수 있을 거야. 매주 학교 숙제와 엄마와 함께 정한 과제를 다 하게 되면 특별 용돈도 줄테니까. 또 모든 과목의 성적이 80점 이상일 경우에도 보너스를 줄게.

지선 : 정말이에요? 그럼 제가 좋아하는 옷도 금방 살 수 있겠네요.

엄마 : 하지만 금요일 밤까지는 과제를 모두 끝내야 해.

지선 : 만일 제가 금요일까지 숙제를 다 하지 못하면 어떻게 되요?

엄마 : 그렇게 되면 토요일에 있을지도 모를 친구 생일파티에 가지 못할 거야. 그러니 그런 일은 없어야겠지. 엄마 아빠는 네게 벌을 주고 싶진 않으니까. 네가 약속만 잘지키면 벌 줄 일은 아마 없을 거야. 보너스도 받을 테고. 하지만 가장 좋은 보너스는 '나도 잘할 수 있다'는 사실을 너 스스로 알게 되는 거란다. 어떻게 생각하니? 우리 한 번 해보지 않을래?

지선 : 좋아요, 한 번 해봐요.

필자는 지선이 부모에게 지선이의 행동에 대해 과잉반응하지 말고 확고하게 약속을 밀고 나가도록 했다. 덕분에 지선이는 엄마로부터 긍정적인 지지를 받으며 반항적인 태도와 꾸물거리는 습관을 많이 고칠 수 있었다.

한편, 벌의 경우 미리 생각해두지 않은 것은 사용하지 않는 것이 좋다. 왜냐하면 심사숙고해서 나온 것이 아니므로 후속 조치를 잘할 수 없기 때문이다. 하지만 부모가 자녀와 계속 동맹을 맺고 있다면 보상 없이도 행동을 수정하는 것이 가능하다. 따라서 무의식중에라도 부정적인 행동을 강화하지 않도록 주의해야 한다.

아이의 강점을 부각시키는 노력 역시 아끼지 않아야 한다. 이에 아이가 긍정적인 행동을 보일 때는 예정된 보상 가운데 하나를 반드시 줘야 한다.

규칙을 정할 때는 융통성을 발휘할 필요가 있다. 예를 들면, 공부 시간과 공부 스타일을 아이 스스로 정할 수 있게 약속했다고 하자. 만약 아이가 이를 지키기 위해서 열심히 노력했다면 마감 날짜를 늦춰주는 융통성을 발휘할 필요가 있다. 하지만 그것이 아니라면 반드시 엄격하게 규칙을 적용해야 한다.

중요한 것은 절대 아이의 설득작전에 넘어가서는 안 된다는 것이다. 또한 아이의 행동에 대해 과잉반응을 보이거나 이중으로 처벌해서도 안 되며, 실제로 가하기 어려운 협박을 하거나 처벌을 해서 아이의 분노를 자극해서도 안 된다. 이는 부정적인 결과만을 더욱 확대시키기 때문이다.

엄마 아빠가 하나가 되라

반항적 아이들을 변화시키는 데 있어 가장 중요한 것은 부모가 서로의 의견과 태도를 일치하는 것이다. 그러나 이는 결코 쉬운 일이 아니다. 부모와 아이가 싸우는 과정에서 아이가 한쪽 부모를 자기편으로 만들어 다른 쪽 부모와 적대적 관계를 갖도록 하거나, 부모와 학교가 적대적인 관계가 되도록 조종할 수 있기 때문이다. 이에 어떤 부부의 경우에는 사사건건 논쟁과 말다툼만 하다가 얘기가 끝나는 경우도 있다.

이렇듯 부모 중 어느 한쪽이라도 아이의 작전에 휘말리게 되면 배우자를 적대시하는 결과를 낳게 된다. 이는 곧 부모와 아이 모두를 고통스럽게 만든다.

앞서 얘기한 지선이의 경우, 부부가 서로 협력하여 문제를 잘 해결할 수 있었던 경우다. 만일 지선이가 엄마 아빠 또는 학교 선생님에게 대항하기 위해 한쪽 부모와 결탁했다면 결과는 달라졌을 것이다. 엄마 아빠가 단결하여 변화를 시도하자 지선이 역시 처음에는 분노와 우울, 반항을 하기도 했다. 하지만 엄마 아빠가 끈질기게 노력한 결과, 지선이는 물론 부부 사이도 더욱 좋아지게 되었다.

아이 앞에서 배우자에 대한 부정적인 말은 절대 삼가라

반항적 아이들은 한쪽 부모를 따돌리기 위해 또 다른 한쪽 부모와 동맹을 맺는다. 이는 국가 간에 동맹을 맺어 공동의 적에 대항하는 것과도 같다. 이를 통해 서로 강력한 관계를 추구한 아이들은 부부가 서로 대적하게 만든다. 특히 그 과정에서 하지도 않은 말을 상대방에게 전하기도 한다. 이에 아이들과 함께 있을 때는 배우자에 대한 부정적인 언급을 절대 해서는 안 된다.

만일 아이가 한쪽 부모의 말을 거짓으로 전한다면 모든 대화 내용을 기록하는 것이 좋다. 여기에는 두 가지 방법이 있다. 아이와 한쪽 부모가 동의한 내용을 적은 후 서로 서명을 하는 것과 가족이 모두 모인 자리에서 아이에게 그 내용을 다시 한 번 설명하게 하는 것이다.

아이에게 배우자의 좋은 점을 수시로 말해주면 아이는 부모를 존경하게 된다. 하지만 한쪽 부모와 적대적인 관계에 놓이게 되면 모든 어른들을 적대적으로 대하게 된다. 아이는 대적함으로써 자신감을 갖기보다는 성취를 통해 자신감을 쌓아가야 한다.

인내심을 갖고 아이의 변화를 기다려라

반항적인 아이들은 모든 것을 부모나 선생님 탓으로 돌린다. 이에 "부모가 불가능한 목표를 달성하도록 밀어붙인다"며 상담자나 선생님, 친척들에게 거짓말을 하곤 한다. 그 결과, 많은 사람들이 부모의 지나친 욕심이 아이를 고생시키고 스트레스를 준다고 생각하며, 이로 인해 부모는 매우 어려운 처지에 놓이게 된다.

과연 이런 아이들은 어떻게 다뤄야 할까.

이런 아이들에게는 "스스로 노력할 것을 기대하고 있다"는 말을 반드시 해줄 필요가 있다. 목표 역시 합리적인 수준에서 정해야 한다. 합리적인 수준이라 함은 '약간의 향상'을 말한다. 즉, 현재 수준보다 한 단계 정도 향상된 것이다. 이 정도면 누가 보더라도 무리한 요구가 아닐 것이 분명하다.

부모가 관심을 갖고 아이를 격려하면 성적은 자연스럽게 올라간다. 하지만 이때 과잉반응을 보여선 안 된다. 그럴 경우 부모가 자신에게 압력을 가하고 있다고 생각하기 때문이다.

때문에 반항적인 아이들을 변화시키기 위해서는 인내심을 갖고 기다릴 줄 알아야 한다. 특히 그런 아이들의 경우 대부분 학습 경험이 없기 때문에 학습 방법 역시 형편없는 경우가 많다. 이에 가장 먼저 학습 방법을 익히게 해야 한다. 성적을 올리는 것은 그 다음 일이다. 그렇게 해서 긍정적인 결과가 꾸준히 유지되면 성공에 대해서 충분히 격려를 한 후 한 걸음 뒤로 물러서는 것이 좋다. 아이 스스로 자신이 할 수 있다는 사실을 깨닫게 되면 그때까지 사용했던 방어 기제가 더 이상 필요 없기 때문이다.

부모와 선생님이 긴밀하게 협력하라

부모와 선생님 사이의 갈등은 아이들의 적대적 행동의 원인이 되기도 한다. 만일 부모가 선생님과 반대 입장에 서게 될 경우, 아이는 더 적대적인 행동을 할 뿐만 아니라 선생님의 권위 역시 인정하지 않기 때문이다. 따라서 반항적인 아이들을 도우려면 선생님과 부모가 합심해야 한다.

물론 선생님과 부모 사이에 갈등이 존재할 수도 있다. 하지만 아이 앞에서 이 문제를 절대 거론해서는 안 된다. 아이가 부모와 선생님 모두를 무시할 수 있기 때문이다. 특히 반항적인 아이들의 경우 부모와 선생님을 서로 오해하게 만드는 경우가 종종 있다. 일부러 틀린 말을 전해서 서로를 오해하게 만드는 것이다. 또한 부모와 선생님 중 자기 편을 마음대로 바꾸고, 상대방을 적대적으로 만들기도 한다. 따라서 부모는 아이의 말만 듣고 선생님에 대한 성급한 결론을 내려서는 안 된다. 오히려 그럴 때마다 선생님과의 의사소통을 확실히 해야 한다.

친구를 사귀는 기준을 제시하라

초등학교 고학년이 되면 또래 친구들이 아이에게 미치는 영향이 매우 커진다. 예를 들면, 반항적인 아이들의 경우 친구들 사이에서 인기 있는 것이 가장 중요한 목표가 된다. 인기가 있다는 것을 지배적인 것과 같은 뜻으로 생각하기 때문이다. 따라서 아이가 아직 어리다면 아이의 친구관계를 제한하는 기준을 두는 것이 좋다. 그리고 그것을 아이에게 명확히 이해시켜야 한다. 물론 그 기준은 가정마다 다를 수도 있다.

하지만 적어도 부부의 경우에는 똑같은 기준을 갖고 있어야 한다. 그렇지 않으면 아이가 부모와 싸우려고 할 수도 있기 때문이다. 예를 들면, 한 부모는 기준을 명확하게 정하기를 원하는 반면, 다른 부모는 아이에게 모든 선택을 맡겨야 한다고 생각한다면 아이가 누구 편을 들지는 보지 않아도 뻔하다.

청소년기에 들어서면 부모가 친구관계를 통제할 수 없는 경우가 많다. 그 즈음 아이들의 친구관계를 바꾸기 위해서는 적지 않은 대가를 치러야 하기 때문이다.

그렇다면 아이의 친구관계를 바로 잡기 위해서는 과연 어떻게 해야 할까.

공부를 잘하는 아이들이 많이 참여하는 특별프로그램 및 여행, 청소년 프로그램 등에 참여시키는 것이 좋다. 그런 경험들을 통해 성취를 좋지 않게 생각했던 자신의 태도를 반성할 수 있을 뿐만 아니라 자신을 단련하고, 자신감을 얻을 수도 있기 때문이다. 또한 아이 친구의 부모들과 정기적인 모임을 만들어 서로의 경험을 나누는 것 역시 좋은 방법이다.

이렇듯 반항적인 아이들에게 있어 또래 집단의 영향력은 매우 강력하다. 따라서 늘 관심을 갖고 아이의 친구관계를 살펴볼 필요가 있다.

부모의 힘만으로 버겁다면 전문가의 도움을 받아라

사실 반항적인 아이들의 경우 전문가의 도움이 가장 절실하다. 문제는 그런 아이들일수록 전문가의 도움을 싫어한다는 것이다.

적절한 전문가를 찾는 것 역시 쉽지 않다. 전문가라 함은 아이들을 전문적으로 치료할 수 있어야 할 뿐만 아니라 아이들의 부모와도 긴밀한 의견 교환이 가능해야 하기 때문이다.

반항적인 아이들은 대부분 치료를 거부한다. 이에 시간과 돈 낭비라며 부모를 설득해 전문가의 도움을 받지 않으려고 한다. 전문가와 상담을 할 때도 마찬가지다. 그들이 싫어하는 것을 요구하면 "나는 당신이 싫다"며 매우 직설적으로 얘기하곤 한다. 이 경우 중간자로서의 부모의 역할이 매우 중요하다. 이에 부모는 전문가를 강력하게 지지함과 동시에 보조자가 되어야 한다.

그렇다면 전문가와 부모가 긴밀한 대화를 나누기 위해서는 어떻게 해야 할까.

아이와 부모가 전문가를 따로 만나는 것이 좋다. 특히 아이와는 주마다 정기적으로 만나고, 부모와는 한 달에 한 번씩 만나는 것이 가장 이상적이다.

반항적인 아이들은 부모에게 알리고 싶지 않은 비밀이 많다. 따라서 초등학생과 중학생의 경우 두 명이 한 팀인 전문가에게 치료를 받는 것이 좋다. 전문가 중 한 사람은 매달 한 번 정도 부모와 만나고, 다른 사람은 매주 한 번씩 아이를 만나는 것이다.

상담 내용은 비밀로 하는 것이 원칙이지만 아이를 이해하기 위해서라도 부모는 어느 정도 사실을 알 필요가 있다. 이에 전문가는 아이와 함께 한 치료 내용에 대해는 자세히 설명하지 않더라도 부모가 치료 과정에서 소외되었다는 느낌을 받지 않도록 상담 내용을 어느 정도 부모에게 알릴 필요가 있다.

선생님이
반드시
해야 할 일

선생님이 가장 다루기 어려운 유형의 아이들 역시 반항적인 아이들이다. 학교에서도 자주 문제를 일으킬 뿐만 아니라 학습 부진을 넘어 비행으로 확대되는 경우가 종종 있기 때문이다. 심지어 어떤 경우에는 사회적인 문제 뿐만 아니라 법적인 문제로까지 확대되기도 한다. 이 경우 선생님이 해줄 수 있는 가장 큰 도움은 아이가 전문가의 도움을 받을 수 있도록 서로를 연결해주는 것이다.

아이와 한 편이 되라

선생님이 반항적인 아이들을 돕는 가장 첫 번째 단계는 아이들과 한 편이 되는 것이다.

반항적인 아이들은 자신들이 강하다고 생각하며, 존경하는 사람과

한 편이 되고 싶어 한다. 여기서 말하는 '강하다고 생각하는 사람'이란 자신들이 가치 있게 생각하는 주제에 대해서 함께 이야기할 수 있을 뿐만 아니라 자신들의 이야기를 무시하지 않고 끝까지 잘 들어주는 사람을 말한다.

말했다시피, 반항적인 아이들의 경우 어린 시절부터 지나친 칭찬과 보살핌 속에서 자란 경우가 많다. 하지만 더 이상 그런 칭찬과 보살핌을 받을 수 없기 때문에 반항적인 성격으로 변한 것이다. 이에 선생님은 아이들의 장점을 발견해 그들과 이야기를 나눌 필요가 있다. 하지만 여기에는 전제조건이 하나 있다. 아이들에 대해서 정확히 알아야 한다는 것이다. 선생님이 자신의 지능과 창의성·매력·친절함·개방성 등에 대해 얼마나 많이 알고 있는지에 따라 선생님을 신뢰하거나 불신하는 아이들도 간혹 있기 때문이다. 즉, 선생님이 자신을 아는 정도에 따라 그 선생님에 대한 믿음의 정도가 달라지는 것이다.

두 번째 단계는 선생님의 권위와 관련 있다. 반항적인 성향이 강한 아이들은 규칙을 지키지 않는 데 매우 익숙하다. 이에 선생님을 통제할 수 있다고 생각하게 되면 더 이상 선생님을 존경하지 않게 된다. 나아가 자신이 해야 할 일이나 책임을 다하지 않음으로써 선생님의 약점을 이용하기도 한다.

하지만 아이들이 선생님의 통제권 안에 있을 경우에는 선생님을 존경하든지, 배척하든지 둘 중 하나를 선택하게 된다. 예를 들어, 선생님이 자신을 통제하면서도 진정으로 사랑한다는 사실을 알게 되면 선생님을 존경할 뿐만 아니라 선생님을 위해 최선을 다하려고 노력하지만 그 반대의 경우에는 선생님을 적대시한다. 이에 선생님과 대결하기 위해서 일부러 선생님의 기대에 어긋난 행동을 하기도 한다. 이때 선생님이 할 수 있는 일이라고는 점수를 낮게 주거나 벌을 주는 것 밖에 없다. 하지만 이런 방법은 아이들의 학습 동기를 높여주기는커녕 분노나 적개심만 불러일으킬 뿐이다.

이런 일을 방지하기 위해서는 아이들에게 선생님이 관심이 있다는 사실을 적극 알려줄 필요가 있다. 시간상 모든 아이들에게 관심을 보일 수는 없지만 1년에 2~3명 정도 눈에 띄는 아이들에게 관심을 기울이는 일은 얼마든지 가능하다. 나아가 아이들을 끊임없이 격려하고, 관심을 기울이다보면 숨은 재능을 발견하는 즐거움 역시 느낄 수 있다.

주위의 관심과 시선을 끄는 체벌은 삼가라

반항적인 아이들은 학교에서 심각한 문제를 일으키는 경우가 많다. 특히 남자 아이들의 경우 힘을 과시하며 친구들과 싸우는 일이 잦고, 여자 아이들의 경우 공격적인 말을 사용해 친구들을 공격하곤 한다. 그 결과, 참을성이 많은 선생님조차 좌절하게 만든다.

반항적인 아이들이 진짜 원하는 것은 교실 내에서 지배자가 되는 것이다. 그러다보니 어디서든 자신의 힘을 과시하려고 하며, 모든 일을 즉각적으로 처리하려고 한다. 때문에 이런 아이들을 대상으로 주위의 관심과 시선을 끄는 체벌을 하는 것은 옳지 않을 뿐만 아니라 효과 역시 미비하다. 예를 들어, 선생님이 칠판에 아이들의 이름을 적어 벌을 주려고 했다고 해보자. 당연히 아이들은 문제아로 낙인찍힐 것이다. 나아가 이는 그 아이들이 원하는 것이기도 하다. 아이들의 관심을 끌 수 있기 때문이다. 그때부터 아이들은 문제아처럼 행동하게 될 것이다. 그리고 그 소문은 곧 다른 선생님들과 부모들의 귀에까지 들어가게 된다. 그 결과, 부모들은 자신의 아이에게 그 아이들과는 절대 놀지 말라고 할 것이다. 이에 그 아이들은 외톨이가 되거나 더 큰 문제가 있는 문제아들과 어울려 더욱더 공격적으로 변하게 된다.

이렇듯 반항적인 아이들을 벌할 때는 주위의 관심과 시선을 끄는 체벌은 피하는 것이 좋다. 칠판에 아이의 이름을 적거나, 다른 아이들 앞에서 꾸짖는 것은 오히려 그들의 행동을 더 과격하게 만드는 촉발제가 될 수 있기 때문이다.

선생님 책상 옆 구석이나 교실 뒤, 복도 등에 세워두는 것 역시 좋지 않다. 그 보다는 조용히 불러서 꾸짖거나 개인 상담을 통해 체벌을 하는 것이 훨씬 더 효과적이다.

약간의 보상을 해주거나 특권을 부여하는 것 역시 좋은 방법이다. 아울러 특권을 빼앗는 것 역시 부정적인 행동을 없애는 데 있어 효과가 있다. 그러나 가장 효과적인 보상은 선생님과 주변 사람들이 꾸준히 관심을 갖는 것이다.

반항적인 아이들을 위한 효과적인 상벌체계

처음에는 가장 큰 문제행동 한 가지만 선택한다. 예를 들면, 교실에서 친구를 때렸을 경우 그 행동만을 문제 삼는다. 그 후 제자리 앉아 공부하기, 지속적으로 과제 수행하기, 선생님에게 주의 집중하기 등으로 점차 옮겨가는 것이 좋다. 그 순서는 다음과 같다.

① 수정해야 할 행동의 종류를 정한다.

② 아이가 하고 싶어 하는 일을 정한다.

③ 긍정적인 보상을 정한다. 예를 들면, 더 이상 문제 행동이 보이지 않을 경우 매시간 스티커(별표, 동그라미 표시 등)를 한 개씩 준다.

④ 벌칙을 정한다. 예를 들면, 누구와도 이야기할 수 없는 공간에서 10분 동안 혹은 스스로 돌아와도 된다고 느낄 때까지 머물다 오게 한다.

⑤ 각 행동에 대한 상의 크기를 결정한다.

⑥ 일어날 수 있는 모든 결과와 그에 합당한 점수를 아이와 함께 결정한다. 이에 모든 점수와 신호는 사전에 정해둘 필요가 있다. 이때 선생님이 도와주려고 한다는 사실을 반드시 알려야 한다.

⑦ 만날 때마다 아이가 발전하고 있다는 사실을 알려줌과 동시에 격려와 지지가 될 만한 말을 계속 해준다. 그렇게 해서 스스로 발전할 수 있도록 돕는다.

⑧ 부모가 협조적일 경우 매일 또는 주 단위로 가정통신문을 보낸다.

사랑과 관심, 신뢰를 보여줘라

반항적인 아이들은 교실에서도 자주 논쟁을 벌인다. 예를 들면, 수학문제를 다른 방식으로 풀려고 하거나, 선생님이 아이들을 차별한다며 불평하기도 한다. 이는 선생님과 친구들로부터 관심과 인정을 받기 위해서다. 따라서 아이들이 그런 행동을 한다고 해서 즉각 제지하는 것은 그리 효과적인 방법이 아니다.

앞서 말했다시피, 선생님은 아이들과 한 편이 되어야 한다. 이에 아이들과 협상을 한 후 계약서를 작성해서 아이들로 하여금 반드시 약속한 것을 지키도록 해야 한다. 나아가 선생님이 얼마나 사랑하고, 관심을 갖고 있으며, 신뢰하고 있는지 보여줄 필요가 있다. 아이들은 화만 내는 선생님보다는 자신의 편을 들어주는 선생님의 말을 훨씬 더 잘 듣기 때문이다.

잘못된 생각은 즉시 바로 잡아줘라

반항적인 아이들은 대부분 다른 사람들과 적대적 관계에 있다. 하지만 어느 한 사람과는 유독 친밀한 관계를 맺고 있는 경우가 많다. 특히 부모나 선생님과는 적대적 관계에 있으면서 자신에게 친절한 사람과는 밀착된 관계를 갖고 있는 경우가 많다. 그 대표적인 예가 바로 상담 선생님이다.

하지만 상담 선생님이 주의해야 할 점이 하나 있다. 아이들의 이야기를 무조건 듣기만 해서는 안 된다는 것이다. 아무런 의사 표현 없이 아이들의 이야기를 경청할 경우 자신의 생각에 동의하는 것으로 생각하기 때문이다. 이는 분명 잘못된 것이다. 따라서 아이들의 잘못된 생각을 즉시 바로 잡아줄 필요가 있다.

그렇다면 아이들이 불만을 얘기할 때 선생님은 어떻게 하는 것이 좋을까.

"나는 네 부모님이 얼마나 너를 사랑하고 있으며 걱정하고 있는지 잘 알고 있어. 네가 형제(자매)들과 갈등이 있을 때마다 부모님의 걱정이 이만저만한 게 아니거든."

"그래, 네 부모님은 정말 훌륭하신 분들이구나. 네 부모님은 네게 책임감을 가르치려고 하는 것 같다. 장담컨대, 너는 정말 그 일을 잘 해낼 수 있을 거야."

"네 부모님이 경제적인 어려움을 겪고 있다는 사실을 알고 있단다. 두 분은 가족을 위해서 버티고 계시는 거야. 나도 한때 그렇게 어려운 적이 있었거든."

"부모님이 아무리 자주 싸우고, 금방 헤어질 것처럼 보여도 그렇지 않단다. 분명한 것은 두 분 모두 너를 무척 사랑하고 있다는 거야."

"좋아, 그건 바로 네가 독립적으로 잘 성장하고 있다는 반증이야. 그러니 다른 사람에게 도움을 청하기 전에 네 스스로 한 번 더 노력해보렴. 네가 정말 노력한다면 나도 기꺼이 도와줄 테니까."

미래의 기회를 놓치지 않도록 도와라

반항적인 아이들을 다루는 데 있어 부모와 선생님이 명심해야 할 게 하나 있다. 그것은 바로 현재의 반항심 때문에 미래에 더 높은 수준의 교육을 받거나 훌륭한 업적을 쌓을 기회를 놓치는 일이 없도록 도와줘야 한다는 것이다. 즉, 아이들로 하여금 먼 미래를 내다볼 수 있도록 적극 도와야 한다. 이를 위해 부모와 선생님은 반항적인 아이들이 제멋대로 행동하지 못하도록 끊임없이 관심을 갖고 지켜볼 필요가 있다.

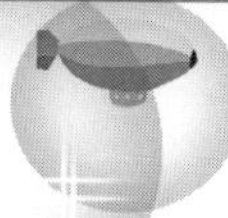

반항적인 아이들과의 논쟁을 피하는 방법

반항적인 아이들은 논쟁에 매우 자신 있어 한다. 이에 다른 아이들 앞에서 선생님과 논쟁을 벌일 경우, 선생님이 더 많은 상처받을 수 있다는 사실을 잘 알고 있다. 하지만 자신들은 잃을 게 없다. 이에 선생님과 논쟁을 벌일 경우 친구들로부터 동정심을 얻을 수 있을 뿐만 아니라 이기게 되면 많은 관심과 부러움을 받게 된다. 반대로 선생님의 경우 이기든 지든 타격이 심하다. 논쟁에서 지게 되면 아이들로부터 존경심을 잃게 되며, 이긴다고 해도 가엾고 불쌍한 아이를 이긴 것밖에 되지 않기 때문이다. 따라서 선생님은 반항적인 아이들과 논쟁할 여지를 아예 없애는 것이 좋다. 예를 들면, 논쟁을 일삼는 아이가 손을 들고 "그 문제를 풀 수 있는 더 좋은 방법이 있어요"라고 하면 이렇게 답하는 것이 좋다.

"그래, 네 생각을 듣고 싶구나. 수업 끝나고 보자."

선생님이 이렇게 긍정적인 반응을 보이게 되면 아이는 논쟁하고 싶은 의욕을 잃게 된다. 그리고 수업이 끝난 후 그 아이에게 "이제 네 아이디어를 말해줄래?"라고 물어보는 것이 좋다. 만일 아이의 반응에 대해서 뭐라고 말해야 좋을지 모르겠다면 "좀 더 생각해보고 얘기하자"라고 말하면 된다. 그러나 아이의 아이디어가 좋기는 하지만 정상적인 방법이 아니라면 이렇게 말하면 된다.

"그래, 네 생각도 좋구나. 그럼 우리 한 번 테스트를 해보자. 네가 원하는 방식대로 반을 하고, 내가 제시한 방식대로 반을 해보는 거야. 만일 네 방식이 맞다면 계속해서 반반의 방식으로 문제를 풀어도 좋아. 하지만 네 방식이 잘못 되었다면 앞으로는 선생님이 제시한 방식으로 문제를 풀어야 해."

하지만 여기에는 명심해야 할 게 하나 있다. 아이에게 주기로 한 특권을 절대 잊어서는 안 된다는 것이다. 따라서 즉시 그 자리에서 기록으로 남기는 것이 좋다. 그래야만 아이 역시 선생님을 믿고 따를 수 있기 때문이다.

반대로 아이가 계속해서 공부를 피하려고만 하고 정확하게 풀이과정을 설명할 수 없다면 어떻게 해야 할까.

그 자리에서 그렇게 해서는 안 된다고 단호하게 말해야 한다. 그리고 아이의 탁월한 생각을 선생님은 좋아하며, 앞으로도 이와 같은 특별한 아이디어에 계속 관심을 갖겠다고 말해주는 것이 좋다. 그럼에도 불구하고, 아이가 계속해서 논쟁을 하려고 한다면 '미안하다'고 말한 후 자리를 피하는 것이 좋다.

각각의 논쟁을 이와 같은 방식으로 다루게 되면 아이들은 선생님이 자신의 창의적인 사고를 인정하고 격려해준다고 생각하게 된다. 이에 선생님을 더욱 존경하게 되고 반항적인 태도 역시 한층 더 수그러들게 된다.

PART. 9
아이들의
뛰어난 성취를
돕는 법

엄마 아빠가 먼저 모범을 보여라

긍정적이며, 최선을 다하는 모습을 보여줘라/ 아이의 성장에 따라 부모의 역할이 바뀌어야 한다/ 끊임없는 관심과 칭찬이 아이의 성취를 돕는다/ 실패를 극복하는 법을 가르쳐줘라/ 체계적으로 생활하는 법을 가르쳐라/ 부모가 성적을 중요하게 생각하고 있음을 알려라/ 선생님과 자주 만나라/ 아이 스스로 성취하는 기쁨을 빼앗지 마라

■■■■ 아이들은 언제나 부모의 말과 행동을 그대로 따라 한다. 따라서 부모가 아이들에게 긍정적이고 최선을 다하는 모습을 보여주게 되면, 아이들 역시 학교 공부를 보다 더 적극적이고 열심히 하게 된다. 아울러 아이들은 영어 알파벳 V와 같은 방식으로 키우는 것이 가장 좋다. ∧보다는 V자 모양으로 키우는 것이 훨씬 더 많은 성취를 가능하게 하기 때문이다. 이에 아이가 5~6세까지는 부모가 독재자일 필요가 있으며, 7~8세부터 행동 방향을 제시하는 지시자로서의 역할을 해야 한다. 나아가 사춘기 시절에는 함께 하며 조언하는 코치, 성인이 되면 단순한 조언자로 그 역할이 바뀌어야 한다.

엄마 아빠가
먼저
모범을 보여라

많은 부모들이 '아이를 잘 기른다는 것'을 '아이를 성공하게 만드는 것'으로 착각하곤 한다.

부모라면 누구나 자신의 아이가 건강하고, 행복하며, 스스로 가치 있다고 생각하는 일을 하면서 뛰어난 성취를 하길 바란다.

그렇다면 아이들로 하여금 뛰어난 성취를 이룰 수 있게 하기 위해서는 과연 어떻게 해야 할까.

긍정적이며, 최선을 다하는 모습을 보여줘라

아이들은 모방할 수 있는 모델이 곁에 있을 때 훨씬 더 쉽고 빨리 배우는 경향이 있다. 그 모델로 가장 적합한 사람은 과연 누굴까. 바로 부모다. 하지만 여기에는 한 가지 전제조건이 있다. 긍정적인 면과 부정적인 면을 모두 보여줘야 한다는 것이다. 누구나 성공과 실패를 할 수 있다는 사실을 알려줄 필요가 있기 때문이다. 이를 통해 열심히 노력하면 무엇을 얻을 수 있는지, 실패했을 때는 어떻게 극복하는지 등을 명확히 보여줄 필요가 있다. 즉, 노력의 결과에 따라 받게 되는 내·외적 보상의 정도 및 실패를 의연하게 극복하는 모습을 보여줘야 한다.

이를 위해 부모는 서로 성공하는 사람의 이미지를 만들 필요가 있다. 아이들을 위해서 엄마 아빠가 서로를 존중하고 사랑해야 하는 것이다. 때문에 엄마가 집안일을 하면서 아빠가 없다고 불평을 해서는 절대 안 된다. 나아가 아빠 역시 아이들이 보는 앞에서 엄마를 불평하거나 비난해서는 안 된다.

간혹 부모들 가운데 아이들로 하여금 더 이상 엄마 아빠를 존경할 수 없게 만드는 말을 하는 경우가 더러 있다. 예를 들면, 다음과 같은 경우다.

"네 아빠는 도대체 어디 갔다니. 요즘 코빼기도 볼 수 없구나."

"당신은 정말 도움이 안 돼."

"네 아빠가 그럴 사람이니?"

"정말 힘들어서 살 수가 없어! 왜 이렇게 사는지 모르겠다. 다른 집 아빠들은 돈만 잘 벌어오던데."

"너는 나중에 커서 아빠 같은 일은 절대 하지 마라. 도대체 가족이라는 게 뭐니. 아빠 얼굴 한 번 제대로 보는 날이 없잖니. 그렇다고 돈이라도 많이 벌어오면 말을 안 하지."

"여보, 몇 푼 되지도 않는 월급 타오느라 집안이 이렇게 엉망이라면, 차라리 일을 그만두는 게 낫겠어."

실제로 엄마나 아빠가 능력이 없거나 남들이 기피하는 일을 할 수도 있다. 그렇더라도 부모가 서로의 능력이나 일에 대해서 절대 불평을 해서는 안 된다. 그럴수록 서로의 일에 대해서 좋은 점을 찾아 내 아이에게 말해줘야 한다. 아이들은 부모가 일에서 성공하는 것과 자신이 학교 공부를 하면서 성공하는 것을 같은 것으로 생각하기 때문이다. 이에 만일 부모가 자신들의 일에 대해서 서로 불평을 하게 되면 아이들 역시 이런 말을 하게 될지도 모른다.

"학교 숙제를 왜 해야 하죠? 놀 시간도 부족한데."

"아빠가 하는 일 따위는 난 절대 하지 않을 거야."

"어른이 되면 뭘 하고 싶고, 뭐가 되고 싶은지 정말 모르겠어. 그냥 일을 안 하고 놀면서 지낼 수는 없을까."

"성적이 나쁜 건 내 잘못이 아니야. 점수를 너무 짜게 준 그 선생님 탓이지. 선생님은 정말 내가 그것을 할 수 있다고 생각하나봐."

문제는 배우자의 일에 대해 계속 나쁘게 말을 한 부모는 학교에서도 아이에 대해 그와 비슷한 평가를 듣게 될 확률이 높다는 것이다. 왜냐하면 학교는 아이들의 일터이기 때문이다. 따라서 부부는 서로의 일에 대해서 좀 더 긍정적인 태도를 가질 필요가 있다. 가령, 엄마가 전업주부일 경우 아빠는 집안일을 절대 무시하거나 가볍게 여겨선 안 된다. 반대의 경우 역시 마찬가지다.

"이렇게 집이 엉망인데, 도대체 하루 종일 집에서 뭐하는 거야?"

"집에서 놀고먹으면서 집안일 하나 제대로 못해?"

"뒤늦게 무슨 공부를 한다고 그래. 책에서 밥이 나와, 돈이 나와?"

"오늘 한 일이 고작 돌아다니면서 쇼핑한 것밖에 더 있어?"

이렇듯 아빠가 엄마의 일에 대해 부정적으로 말하게 되면, 아이는 엄마를 평가절하하고 능력 없는 사람이라고 생각하게 된다.

이는 아이에게 있어 매우 불행하고 위험한 일이다. 대부분의 엄마들은 집에서 아이를 지도하고, 숙제를 점검하며, 공부를 하도록 격려하고 도와줄 뿐만 아니라 때때로 학교에 가서 선생님과 상담을 하는 중요한 일을 맡고 있기 때문이다. 그런데 아이들에게 엄마가 형편없는 사람처럼 보이게 되면, 엄마는 더 이상 권위를 갖지 못할 뿐만 아니라 제대로 된 양육을 할 수 없다.

아이들은 아빠의 말과 행동을 통해 엄마를 바라본다. 따라서 아이들이 공부를 잘하기를 원한다면 아이가 엄마를 존경하게 해야 한다. 그러자면 아빠가 먼저 엄마의 권위를 인정할 필요가 있다. 이에 엄마의 집안일과 아이들 교육에 대한 노력에 대해서 인정하고, 엄마의 일에 대해 만족스럽게 생각하고 있다는 사실을 아이들에게 보여줄 필요가 있다.

아이들은 언제나 부모의 말과 행동을 그대로 따라 한다. 따라서 부모가 아이들에게 긍정적이고 최선을 다하는 모습을 보여주게 되면, 아이들 역시 학교 공부를 보다 더 적극적이고 열심히 하게 된다.

아이의 성장에 따라 부모의 역할이 바뀌어야 한다

"아이가 고집이 너무 세고, 뭐든 자기 마음대로 하려고 해서 아주 힘들어요."

"인형을 안 사주면 끝도 없이 떼를 쓰기 때문에 결국 사줄 수밖에 없어요. 정말 너무 힘들어요.”

이는 3살짜리 여자 아이를 둔 젊은 엄마의 말이다. 이 엄마는 아이의 고집이 센 것에 대해서 불만이 많았다.

만일 이 엄마처럼 생각하고 있는 사람들이 있다면 아이를 ∧와 같은 모양으로 양육하고 있는 셈이다. 이렇게 되면 아이는 자신에게 주어진 자유를 책임 있게 다루는 방법을 익히지 못한 채 성장하게 된다. 이에 부모는 아이가 청소년기에 들어서야 자신의 양육법이 잘못되었음을 알고 여러 가지 위험한 상황에 대해서 걱정하기 시작한다. 하지만 아이는 부모가 부과하는 모든 제한을 거부하고 반항하게 된다. 이에 더욱더 걱정이 된 부모는 과도한 벌을 주고 더 큰 제한을 가하지만 이는 문제를 더욱 악화시킬 뿐이다.

어느 날 한 엄마가 필자를 찾아왔다.

“아이가 어렸을 때는 너무 영리하고, 무엇이든 스스로 잘 알아서 했어요. 뭘 해라, 어떻게 해라, 라고 말할 필요가 없었지요. 그런데 중학교 때부터 성적이 부쩍 나빠지기 시작했어요. 공부를 하라고 다그쳤지만 말을 듣지 않더군요. 그리고 고등학교에 들어가면서부터는 더욱더 다루기가 힘들어졌어요. 더욱이 학교에서 선생님과 트러블도 잦았어요. 결국 아이는 자퇴를 하고 말았습니다. 다행히 곧 다른 학교에 다시 들어가게 되었지만 그것도 잠시였어요. 또다시 자퇴를 하고 말았거든요. 그리고 이번에 겨우 다시 복학을 하게 되었는데 여전히 공부에는 마음이 없고, 선생님들과 마찰 역시 잦아서 또다시 자퇴를 하려고 해요. 더 큰 문제는 학교를 그만두고 밤에 돌아다니다가 경미한 죄를 저지른 적도 있다는 거예요. 이에 방송에서 선생님 이야기를 듣고 바로 제 아이의 이야기라는 생각이 들었습니다. 현재 아이의 생활은 그야말로 엉망 그 자체입니다. 도대체 어떻게 해야 할지 모르겠어요.”

이는 부모가 아이에게 어려서부터 너무 많은 자유를 준 나머지 그것을 건설적인 방향으로 사용하지 못한 결과라고 할 수 있다. 이에 아이는 청소년기에 들어서 결국 반항아가 되고 말았다.

아이들은 영어 알파벳 ‘V’와 같은 방식으로 키우는 것이 가장 좋다. ∧보다는 V자 모양으로 키우는 것이 훨씬 더 많은 성취를 가능하게 하기 때문이다. 다만, 아이가 어렸을 때는 V의 밑바닥처럼 제한된 자유를 주는 것이 좋다. 그리고 좀 더 자라서 자유를 책임 있게 다룰 줄 알게 되면 더 많은 자유를 부여하는 것이 좋다. 하지만 이때 역시 어느 정도 제한을 둬야 한다.

아이가 아무리 영리하다고 해도 어린아이는 어린아이일 뿐이다. 중요한 것과 중요하지 않은 것을 구분할 줄 모르기 때문이다. 이에 성신여대 심리학과 채규만 전 교수는 부모의 역할에 대해서 다음과 같이 말한 바 있다.

“아이가 5~6세까지는 부모가 어느 정도 독재자일 필요가 있으며, 7~8세부터는 행동 방향을 제시하는 지시자로서의 역할을 해야 한다. 또한 사춘기 시절에는 함께 하며 조언하는 코치 역할을, 그리고 성인이 되면 단순한 조언자로서 그 역할이 바뀌어야 한다.”

끊임없는 관심과 칭찬이 아이의 성취를 돕는다

부모라면 누구나 아이에게 높은 성취감과 긍정적인 태도, 건설적인 행동을 기대한다. 중요한 것은 아이가 그런 행동을 보일 때마다 놓치지 않고 칭찬을 해주는 것이다. 그러면 보다 더 건설적이고, 더 높은 성취를 하는 아이로 성장할 수 있기 때문이다.

간혹 아이에게 어떤 벌도 주지 않으면서도 바람직한 행동을 잘 이끌어내는 부모들이 있다. 그 비결은 바로 끊임없는 관심과 칭찬이다.

일의 결과가 아닌 아이의 노력과 의지, 용기에 대해서 칭찬하라

성공한 사람들은 대부분 부모나 친척들 가운데 적어도 한 사람 이상이 어린 시절부터 자신을 끊임없이 칭찬하고 믿어줬다고 얘기하곤 한다.

이렇듯 칭찬은 아이들에게 있어 매우 중요하다. 하지만 그렇다고 해서 함부로 칭찬을 해서는 안 된다. 너무 많이 칭찬을 하게 되면 이에 의존할 수 있기 때문이다. 또한 칭찬에는 아이에 대한 평가가 담겨있기 때문에 너무 과도하게 할 경우 아이의 내면에 압력이 쌓일 수도 있다.

"또 일등이구나. 넌 정말 똑똑하구나."

"어쩜 이렇게 잘하니. 넌 정말 완벽하구나."

"어떻게 이렇게 빨리했니? 너 혹시 천재 아니니?"

"누구도 너처럼 이렇게 멋지게 할 수는 없을 거야."

이렇게 과도한 칭찬을 계속 하게 되면 실현 가능성 없는 기대감이 아이에게 전달되게 된다. 그 결과, 아이는 칭찬을 받기 어려운 상황에서는 절대 어떤 노력도 하지 않게 된다.

가장 좋은 칭찬은 아이의 노력과 생각하는 방식, 의지, 용기에 대해서 해주는 것이다.

"참 좋은 생각이구나. 어떻게 해서 그런 생각을 하게 되었니?"

"힘든 일인데도 아주 잘했구나. 이렇게 하기까지 얼마나 힘들었니?"

"이렇게 어려운 문제도 풀어보려고 했구나. 용기가 아주 훌륭하다."

이런 말들은 압력을 주지 않으면서도 아이의 의지와 동기를 인정해주는 것으로 매우 좋은 칭찬이라고 할 수 있다. 문제는 자라면서 칭찬을 거의 받지 못하는 아이들도 있다는 것이다.

"넌 왜 이렇게 게으르니? 도대체 언제까지 이렇게 빈둥거릴 셈이야. 뭘 하나 제대로 하는 게 없다니까."

"너 바보 아니니?"

"못된 송아지 엉덩이에 뿔난다더니."

"넌 커서 도대체 뭐가 되려고 그러니?"

"넌 도대체 누굴 닮아서 그러니?"

이런 말을 듣고 자란 아이들은 심각한 문제를 일으키기 쉽다. 자기 자신을 가치 없는 인간이라고 생각하기 때문이다.

부모가 아이에게 줄 수 있는 가장 큰 가치는 바로 부모가 아이를 바라보는 태도이다. 아이들은 부모의 많은 관심을 원한다. 이에 바람직한 행동에 대해서 부모의 관심을 받지 못하게 되면 해서는 안 될 행동을 하게 된다. 즉, 관심을 끌 수 있는 효과적인 방법을 스스로 터득하게 되는 것이다.

그러나 문제가 있는 행동 때문에 관심을 받기 시작하면 올바른 행동을 해도 칭찬을 받기가 더 어려워진다. 이에 아이는 열심히 노력해도 더 이상 칭찬을 받을 수 없다고 생각하게 되고, 더 이상 노력을 하지 않게 된다. 그 결과, 부모는 더욱더 낙담하게 되며, 아이는 무력감에 빠지게 된다.

엄마 아빠가 서로 존중하는 모습을 보여줘라

부부 사이가 서로 좋지 않을 경우 배우자보다 아이에게 훨씬 더 큰 유대감을 갖게 된다. 아이를 배우자 대신으로 생각하기 때문이다.

만일 엄마가 "네 아빠는 왜 저렇게 자기중심적이니? 유치하게"라고 하거나, 아빠가 "네 엄마는 겉으로는 착한 것처럼 행동해도 속에는 마녀가 들어 있어"라고 흉을 보게 되면, 아이는 부모에 대해 새로운 시각을 갖게 된다. 그 결과, 아무런 거리낌 없이 아빠에게 '유치해요'라고 하거나 엄마를 '마녀'라고 부른다.

배우자 때문에 힘들고 어렵다는 사실을 누군가에 이야기하면 스트레스가 풀리곤 한다. 특히 배우자를 잘 알고 있는 사람이라면 속이 더 시원해진다. 적지 않은 부모들이 그 대상으로 아이들을 택한다. 이에 아이들 앞에서 배우자의 흉을 보게 된다.

하지만 이는 아이에게 한쪽 부모와 맞서 대결하라고 가르치는 것과도 같다. 이에 아이는 더 이상 부모 모두를 존경하지 않게 된다. 예를 들면, 엄마에게 아빠에 대한 흉을 많이 듣게 된 아이는 아빠를 정말 나쁜 사람으로 생각하게 될 뿐만 아니라 그런 사람과 같이 사는 엄마를 불쌍한 사람으로 생각하게 된다. 그렇다고 해서 엄마를 존경하는 것은 아니다.

그렇다면 어떻게 하면 아이가 부모를 존경하게 하면서 배우자의 행동을 고칠 수 있을까.

그 해답은 의외로 간단하다. 아이가 보는 앞에서 배우자를 높여주고 존경하는 태도를 보이면 된다.

"아빠는 매우 중요한 일을 하기 때문에 우리와 함께 지낼 시간이 별로 없단다. 그래도 아빠는 너에 대해서 모르는 것이 없어. 늘 관심을 갖고 있거든."

아무리 자기중심적이고 이기적인 아빠라도 엄마가 아이에게 이렇게 말하는 것을 듣게 되면 더 이상 자기중심적이지 않게 된다.

반드시 고쳐야 하는 단점도 흉을 보게 되면 오히려 더 고쳐지지 않게 된다. 따라서 아이들 앞에서는 가급적 부부가 서로를 존경하는 모습을 보여야 한다. 나아가 서로의 단점은 눈감아주고, 훌륭한 부분만 부각시켜 이야기할 필요가 있다.

잘못된 행동은 따끔하게 혼내서 바로 잡아라

아이들을 감정적으로 대해서는 안 된다고 생각하는 부모들이 간혹 있다. 그런 부모들은 아이가 잘못을 저질러도 쉽게 화를 내지 않는다. 대신 아이에게 '왜 그러면 안 되는지'에 대해서 일일이 설명을 하려고 한다. 문제는 아이가 잘못된 행동을 계속해서 반복한다는 것이다. 결국 참다못한 부모 역시 감정이 폭발한 나머지 큰 소리를 치고 얼굴을 붉히게 된다.

그 결과, 아이는 혼란스럽기 그지없다. 자신의 행동을 부모가 좋아하는 것인지, 싫어하는 것인지 알 수 없기 때문이다. 특히 젊고 고학력의 엄마들일수록 그런 경향이 강하다. 예를 들면, 두 살짜리 아이가 전기 콘센트에 젓가락을 계속 꽂으려고 한다고 해보자.

엄마는 아이에게 '전기 콘센트에 왜 젓가락을 꽂으면 안 되는지'에 대해서 정확하게 설명하려고 노력할 것이다. 하지만 아이는 아직 두 살에 불과하다. 아무리 똑똑하다고 해도 아직 논리적 사고가 불가능한 것이다. 따라서 엄마의 말을 도저히 이해할 수 없다. 더욱이 그 또래의 아이들은 1분 이상 뭔가에 집중할 수도 없다. 그나마 엄마의 목소리 변화를 통해 자신이 뭔가 잘못하고 있다는 사실을 어렴풋이 알게 되지만 여전히 엄마의 사랑을 받고 있다고 생각한다. 이에 전기 콘센트에 젓가락을 끼우는 행동을 계속하게 되고, 엄마는 또다시 똑같은 방법으로 아이를 설득하게 된다.

하지만 그것도 잠시. 아이가 어느 정도 성장하게 되면 더 이상 그 방법을 사용하기가 힘들어진다. 이에 화도 내보고, 혼도 내며, 사랑의 매를 사용하기도 한다. 그러나 곧 죄책감을 느낀 나머지 아이에게 사과를 하게 된다. 그리고 왜 그런 행동을 할 수밖에 없었는지에 대해서 또다시 설명을 한다.

아이는 그런 부모를 보면서 자신을 좋아하는 것인지, 싫어하는 것인지 정확히 알 수 없어 혼란에 빠진다. 다만, 자신의 행동이 부모의 관심을 불러일으켰다는 사실은 알게 된다. 이에 부모의 관심을 끌 수 있는 바람직하지 않은 행동을 반복하게 된다.

아이들은 만 2~3살이 되기 전까지는 상황을 이해하고 판단하는 능력이 현격하게 떨어진다. 따라서 엄마가 아무리 쉬운 말로 정확히 설명을 해도 쉽게 이해할 수 없다. 이에 엄마가 자신의 잘못에 대해서 차분하게 설명하는 것을, 잘못을 하면 엄마가 더 사랑하는 것이라고 오해하게 된다. 그 결과, 똑같은 잘못을 반복하게 되는 것이다.

그렇다면 어떻게 하면 아이들의 이런 잘못된 행동을 바로 잡을 수 있을까.

아이가 기어 다니거나 걸음마를 할 때쯤 잘못된 행동을 하게 되면 엉덩이를 따끔하게 때려주는 것이 좋다. 그러면 아이는 자신의 행동을 부모가 싫어한다는 것을 금방 알게 된다. 그런 점에서 꼭 껴안은 채 차근차근 설명을 해주는 것보다 엉덩이를 따끔하게 때려주는 것이 아이의 잘못된 행동을 바로 잡는 데 있어 훨씬 더 효과적이라고 할 수 있다.

아이 앞에서 아이에 대해서 말하는 것을 삼가라

어떤 부모들은 아이들에 대해서 이야기할 때, 아이들이 귀담아 듣지 않는 한 큰 영향을 받지 않을 것이라고 생각한다. 설령, 듣게 된다고 해도 거의 영향을 받지 않을 것이라고 생각한다. 그러나 대부분의 아이들은 자신에 대한 이야기에 매우 관심이 많을 뿐만 아니라 민감하다.

사실 부모들이 아이들에 대해서 이야기하는 것 자체를 두고 나쁘다거나 좋다라고 말하기는 매우 어려운 일이다. 하지만 그것이 아이들에게 결정적인 영향을 줄 수 있다는 사실을 알아야 한다. 따라서 아이들 앞에서는 가급적 아이들에 대해서 이야기하는 걸 삼갈 필요가 있다.

반면, 아이 앞에서 아이를 칭찬하는 것은 큰 효과가 있다. 하지만 그 칭찬은 노력이나 의지, 용기 등에 관한 것이어야 한다.

“우리 수지는 아주 복잡한 것도 곰곰이 생각한 뒤에 처리하는 좋은 버릇이 있어요.”

“우리 철수는 다른 아이들과 잘 협조해서 일을 처리하려고 해요.”

“어젯밤에는 그만하고 자라고 해도 다 끝내야 한다며 늦게까지 잠도 자지 않고 하더라고요.”

이런 칭찬은 아이들에게 더 바람직한 학습습관 및 생활태도를 갖게 한다. 아이의 노력과 의지, 용기에 대해서 칭찬하는 것은 그런 행동을 계속하도록 격려하는 것과 같기 때문이다. 하지만 ‘만점’, ‘최고점수’, ‘1등’과 같이 아이들이 스트레스를 받을 만한 단어를 사용하는 것은 절대 금물이다.

“우리 수지가 이번에도 1등을 했어요.”

“우리 유리는 어제 수학, 영어시험에서 만점을 받았어요.”

“우리 철수는 지난 학기에 자기 반에서 최고점수를 받았어요.”

이런 말은 아이들에게 스트레스를 준다. 계속해서 부모의 기대를 만족시켜야 한다, 라고 생각하기 때문이다. 이에 1등을 하지 못하거나 만점, 최고점수를 얻지 못하게 되면 부모가 더 이상 자신을 사랑하지 않을 것이라고 생각하게 된다.

아이들에 대한 이야기는 거의 무의식적으로 이루어지는 경우가 많다. 특히 아이가 어릴수록 더욱 그렇다. 이에 자신의 말 한 마디가 아이에게 큰 영향을 미친다는 것 역시 인식하지 못하는 경우가 많다. 하지만 아주 어린아이라고 할지라도 자신에 대한 말에는 즉각 귀를 기울인다. 따라서 아이가 가까이 있으면 말 한 마디를 할 때도 주의할 필요가 있다. 특히 부정적인 이야기는 하지 않는 것이 좋다.

"우리 철수는 너무 산만해요. 그래서 담임선생님도 어떻게 할 수가 없대요."

"우리 수지는 너무 수줍음을 많이 타서 다른 사람과 말 한 마디 제대로 할 수 없어요."

"우리 미희는 모든 일을 자기 마음대로 하려고 해요. 얼마나 고집이 센지 그 애와 싸우는 것도 지긋지긋하다니까요."

"우리 민우는 융통성이 너무 없어요. 그래서 항상 헛심만 써요."

이런 말들은 아이로 하여금 스스로를 좋지 않은 사람이라고 인식하게 할 뿐만 아니라 구제불능이라고 생각하게 만든다. 그러나 가장 좋지 않은 행동은 남편이 집에 돌아왔을 때, 아이가 얼마나 자신을 속상하게 했는지에 대해서 말하는 것이다. 하지만 실제로 그렇게 느끼더라도 주체하지 못하는 감정을 그대로 말해서는 안 된다. 엄청난 역효과를 가져올 수 있기 때문이다.

또한 주위 어른들끼리 아이에 대해서 이야기하는 것 역시 아이들에게는 엄청난 스트레스가 될 수 있다. 물론 어른들끼리 아이의 양육에 대해 이야기를 나누는 것은 지극히 정상적인 일이다. 문제는 아이를 옆에 두고 아이에 대해서 이야기를 나누는 것이다. 비록 아이가 놀이에 정신이 팔려 이야기를 듣지 못한다고 해도 이는 절대 옳지 않으므로 삼가야 한다.

실패를 극복하는 법을 가르쳐라

성취를 하려면 경쟁에서 졌을 때 이를 극복하는 법에 대해서 잘 알아야 한다. 경쟁에서 이겼을 때는 문제가 없다. 문제는 경쟁에서 졌을 경우다. 이길 확신이 없으면 시작조차 하지 않으려고 하기 때문이다. 또 어쩔 수 없이 시작은 했지만 중간에 화를 내며 포기할 수도 있다. 따라서 부모는 경쟁에서 진 아이들에게 이를 극복하는 방법을 반드시 가르쳐줘야 한다. 경쟁에서 진 뒤 이를 극복하는 기술은 성취하는 기술과도 같기 때문이다.

창의적이며, 성취하는 아이들은 실패나 지는 것을 하나의 경험으로 생각한다. 이에 실패의 원인에 대해서 생각한 후 결점을 보완해 더욱더 성장하게 된다. 실패는 단지 일시적인 후퇴일 뿐이며, 그 원인 역시 능력이 아닌 노력이 부족하기 때문이라고 생각하는 것이다. 나아가 자신이 못나서 실패한 것이 아니라 상대방이 더 우수한 방법을 썼기 때문이라고 생각한다. 이에 실패를 기반으로 더 적절하고 효과적인 전략을 세우게 된다.

반면, 실패를 당연한 것으로 인정하는 아이들도 있다.

"어차피, 난 실패할 거야. 그래서 해봐야 아무 소용없어."

"어쩔 수 없어. 난 원래 타고난 능력이 이 정도 밖에 안 돼."

"내가 원래 그렇지 뭐."

이런 아이들이 성취를 할 수 없음은 자명하다. 그들은 학교 공부를 도저히 이길 수 없는 게임으로 생각해 쉽게 포기해버린다. 나아가 결과가 좋지 않은 것 역시 자신의 능력 탓으로 돌린다.

모든 경쟁을 긴 안목으로 바라보게 하라

똑똑한 아이들일수록 지는 것을 참지 못하는 경향이 있다. 이에 경쟁에서 졌을 때 매우 화를 내거나, 완전히 포기해버리거나 둘 중 하나를 택하는 경우가 많다. 그러나 절대 실패를 두려워하게 해서는 안 된다.

"이건 어려우니까 나중에 하는 게 좋겠다."

"그건 힘들어 보이니 하지 않는 게 좋겠다."

"네가 공부하지 않은 것이 시험에 나왔다니, 운이 나빴구나."

이렇듯 부모가 먼저 포기하거나 운이 나쁜 탓으로 돌릴 경우, 아이들 역시 이런 태도를 금방 습득하게 된다. 아마 그걸 바라는 부모는 아무도 없을 것이다.

따라서 아이들에게 실패를 창의적으로 극복하는 법을 가르쳐야한다. 즉, 실패하더라도 '다음에 더 열심히 해서 반드시 성공하겠다'는 마음을 가질 수 있도록 해야 한다. 이에 설교보다는 대화를 통해 다음과 같은 사실을 전달할 필요가 있다.

첫째, 항상 이길 수만은 없다.

둘째, 실망했다고 해서 그것이 반드시 실패는 아니다.

셋째, 원하고, 바라기만 해서는 결코 성공할 수 없다.

넷째, 다른 사람들이 더 똑똑해 보일 수도 있지만 반드시 그런 것은 아니다.

다섯째, 몇 등을 했느냐보다는 최선을 다하는 것이 중요하다.

성적보다 더 중요한 것이 바로 배운다는 것이다. 지고도 배우지 못한다면 그것이야 말로 완전한 실패이기 때문이다. 그런 점에서 아이들은 모든 경쟁을 긴 안목으로 바라볼 수 있어야 한다. 오늘 몇 등을 했는가, 이겼는가, 졌는가보다는 미래에 자신이 어떤 상태에 있을 것인지가 훨씬 더 중요하기 때문이다.

많은 아이들이 진 것에 대해 흥분한 나머지 왜 졌는지, 어떻게 대비해야 하는지에 대해는 분명하게 생각하지 못하는 경향이 있다. 항상 이길 수만은 없다. 질 수도 있다. 그러나 지더라도 그 원인을 생각하고, 다음에는 어떻게 할 것인지에 대해서 생각하는 것이 더 중요하다. 그래야만 또 다른 경쟁에서 이길 가능성이 높기 때문이다.

배우는 것보다 이기는 것을 더 중시하게 될 경우, 아이들은 경쟁할 때 외에는 노력을 하지 않게 된다. 하지만 경쟁을 하지 않을 때 역시 스스로 노력하는 것이 중요하다. 갑자기 노력해서는 절대 이길 수 없기 때문이다. 예를 들면, 스포츠 선수들은 비록 경기에 지더라도 끝까지 최선을 다한다. 이에 스스로 필요한 기술을 습득하기 위해 규칙적이고 혹독한 훈련을 마다하지 않는다. 공부 역시 마찬가지다. 포기하는 사람을 위해 준비된 자리는 결코 없다.

체계적으로 생활하는 법을 가르쳐라

아무리 머리가 좋은 아이라도 평소에 정리정돈이 잘되어 있지 않으면 좋은 성적을 기대할 수 없다. 정리정돈이 잘되어 있지 않다는 것은 준비성이 없으며, 합리적인 체계를 갖추지 못했다는 뜻이기 때문이다. 이에 그런 아이들의 책상과 주위는 항상 어질러져 있기 마련이다. 또 시간을 잘 지키지 못하며, 준비물이나 과제에 대한 생각 역시 제대로 정리되어 있지 않는 경우가 많다.

"숙제가 있다는 걸 몰랐어요."

"숙제를 다 한 줄 알았어요."

아이들이 이렇게 숙제나 준비물을 곧잘 잊어버리거나 잘못 알고 있는 이유는 과연 무엇일까.

첫째, 부모의 사고나 생활이 체계적이지 못하기 때문이다.

모든 부모들이 반드시 체계적인 생활을 하는 것은 아니다. 공과금 낼 것을 잊어버린 나머지 기한을 자주 넘기거나, 물건을 어디에 두었는지 모르는 부모들도 간혹 있기 때문이다. 이는 생활이 체계적이지 않은 탓이다. 문제는 아이들 역시 그것을 그대로 배운다는 것이다.

둘째, 부모가 체계적인 것을 원치 않기 때문이다. 이런 부모들은 체계가 없는 생활을 즐긴다. 나아가 이를 자유롭거나 창의적인 것이라고 착각한다. 이런 가정에서 자라는 아이들 역시 체계적인 것을 배우지 못한 나머지 학교나 조직, 사회에 적응하기가 힘든 경우가 많다.

셋째, 부부가 서로 적대적인 관계에 있기 때문이다. 한쪽 부모는 완벽주의자로 아주 엄격하고 파워가 센 반면, 다른 쪽 부모는 이에 반항한다고 해보자. 이 경우 반항하는 것을 드러내기 위해 의도적으로 체계적인 것을 거부할 수도 있다. 나아가 자신의 일을 아예 잊어버린 채 모든 것에 책임을 지지 않으려고 할 수도 있다. 특히 이런 가정에서는 아이 역시 부모를 모방해 부모의 엄격한 요구를 무시하곤 한다. 그러니 아이에게 체계가 없는 것은 지극히 당연하다고 할 수 있다.

부모는 아이들에게 있어 체계적인 생활을 실천하는 모델이자 이를 적극 가르쳐야 할 의무가 있다. 하지만 너무 엄격하기만 해도, 너무 체계가 없어도 문제다. 어느 정도 합리적인 체계와 구조를 갖춰야만 한다. 동시에 어느 정도는 애매모호함을 참을 수 있어야 한다.

그렇다면 체계적인 생활에 익숙하지 않은 아이들이 학교 공부와 숙제를 제대로 하려면 과연 어떻게 해야 할까.

첫째, 숙제를 쉽게 기억할 수 있도록 숙제장을 사용하는 것이 좋다. 하지만 숙제장이 작으면 잊어버리기 쉬우므로 가능한 큰 공책을 사용하는 것이 좋다.

둘째, 잠자기 전에 준비물을 미리 챙기게 해야 한다. 바쁜 아침에 준비물을 챙기느라 분주해서는 체계적인 습관을 결코 기를 수 없다. 또한 학교 가방과 책은 반드시 정해진 곳에 두도록 해야 한다.

셋째, 공부할 때는 공부에만 신경 쓰도록 해야 한다. 이를 위해 아이가 학교에서 돌아오면 조용한 분위기 속에서 공부를 끝까지 마칠 수 있도록 미리 환경을 조성해두는 것이 좋다. 이때 텔레비전이나 컴퓨터, 스마트폰 등을 켜놓거나 친구나 동생이 방해하게 해서는 안 된다. 또한 바닥에 눕거나 침대에 엎드려서 공부를 하지 않게 해야 한다. 아이가 아무리 우기더라도 절대 허락해서는 안 된다. 정신 집중이 되지 않기 때문이다.

넷째, 숙제는 혼자서 하도록 해야 한다. 숙제할 때 부모에게 옆에 있어 달라고 해도 절대 이를 들어줘선 안 된다. 부모 없이는 스스로 공부를 할 수 없다고 생각하게 해서는 안 되기 때문이다. 부모는 아이가 과제를 완성했는지에만 신경을 쓰면 된다. 간혹 도움을 주거나 격려를 해줄 수는 있다. 하지만 이 역시 아이가 과제를 스스로 하려고 노력한 후에 짧고 간단하게 해야 한다.

다섯째, 공부에 대해서 말할 때는 간단명료하고 확고하게 말해야 한다. 그러나 아이가 공부에 들인 노력만큼 좋은 성적이 나오지 않으면 어느 정도 간섭이 필요하다. 즉, 아이의 공부 방식을 부모의 방식으로 바꾸는 것이다. 물론 아이가 이를 잘 들으려고 하지 않을 수도 있다. 하지만 확고하게 말해서 바꿔야 한다.

부모가 성적을 중요하게 생각하고 있음을 알려라

아이들에게 부모가 성적을 중시한다는 사실을 반드시 알릴 필요가 있다. 물론 성적이 인생의 전부는 아니다. 하지만 대부분의 사람들은 성적을 능력과 성실함의 지표로 생각한다.

좋은 성적을 받았을 때 아이에게 상을 주면 다음에도 좋은 성적을 받으려고 노력하게 된다. 그러나 일시적인 보상은 지속적인 효과가 없다. 아이들은 '매우 잘함'을 받았을 때 또다시 '매우 잘함'을 받으려고 노력한다.

하지만 '매우 잘함'을 받았을 때만 보상을 하게 되면 공부를 못하게 될 수도 있다. 그 이하의 성적을 받던 아이라면 '매우 잘함'을 받기가 어렵다는 사실을 알고 포기할 수도 있기 때문이다.

가장 좋은 방법은 어느 정도의 성적이 나와야 보상을 할지에 대해서 부모와 아이가 함께 미리 논의하는 것이다. 지금까지 아이가 성취해온 수준을 기준으로 삼으면 된다.

선생님과 자주 만나라

아이가 학업적인 면에서 얼마나 발전했는지 확인하고 이를 부모에게 알리는 것이 학교의 의무다. 그러나 현실적으로 이런 의무를

충실히 하기에는 한 선생님이 보살펴야 하는 아이들의 수가 너무 많다. 그러다보니 부모와 선생님이 아이에 대해서 상세하게 대화를 나눌 기회 역시 그리 많지 않다.

부모가 선생님과 이야기를 나누려면 적극적이면서도 꾸준한 노력이 필요하다. 동시에 부모와 선생님 모두 뚜렷한 목적을 갖고 있어야 하며, 상대방의 말을 주의해서 들으려고 노력해야 한다. 한두 번의 상담만으로는 아이의 문제점을 발견할 수 없기 때문이다.

선생님과의 첫 상담에서는 아이가 자신의 능력에 맞게 충분히 성취를 하고 있는지에 대해서 물어보는 것이 좋다. 그렇지 않으면 부모가 아이의 성취 수준에 대해 잘 알고 있다고 생각하기 때문이다.

만일 아이에게 문제가 있다면 더 일찍 선생님과 만나는 것이 좋다. 그리고 이렇게 물어봐야 한다.

"아이가 제 능력을 발휘하지 못하는 것 같아서 늘 걱정입니다. 혹시 학교에서는 어떤 문제가 없는지 궁금합니다."

물론 선생님은 전혀 문제없이 잘 하고 있다고 말할 수도 있다. 그럴 경우에는 아이가 전에 보였던 문제점들에 대해서 이야기해주는 것이 좋다. 그러면 선생님 역시 아이에 대해서 보다 더 자세히 이야기해줄 수도 있다. 그러나 한편으로는 자신의 말로 인해 괜히 아이가 스트레스를 받는 것은 아닌지 걱정할 수도 있으므로 그렇지 않다는 사실을 반드시 확인시켜줄 필요가 있다.

아이 스스로 성취하는 기쁨을 빼앗지 마라

때로는 너무 많은 관심과 보호가 오히려 더 많은 문제를 일으키곤 한다. 과잉보호 역시 마찬가지다. 이는 아이로 하여금 공부를 열심히 하지 않게 만드는 중요한 원인 중 하나다. 대부분의 부모들은 자신의 행동이 아이에게 큰 해를 끼치고 있다는 사실을 알지 못한 채 하나라도 더 주기 위해서 부단히 애를 쓴다. 특히 그 자신이 가난하게 자란 부모들일수록 그런 경향이 더욱 짙다.

그렇다면 어떻게 하면 이 문제를 쉽게 해결할 수 있을까.

해결법은 의외로 간단하다. 과잉보호로 인해 아이가 희생되고 있다는 사실을 부모가 알기만 하면 되기 때문이다. 하지만 여기에는 반드시 지켜야 할 몇 가지 원칙이 있다.

첫째, '안 돼'라고 말할 때가 '돼'라고 말할 때보다 아이를 훨씬 더 사랑하는 것임을 확실히 인식하고 있어야 한다. 이에 대해 어떤 부모들은 다음과 같이 반박하기도 한다.

"제가 열심히 일해서 돈을 버는 이유는 모두 아이들을 위해서입니다. 아이가 필요한 것을 해주는 것이 뭐가 그리 나빠서 그렇게 하지 말라는 것이죠?"

하지만 주고 싶다고 해서 아무 때나 마구 줘서는 안 된다. 아이가 열심히 노력한 것과 자발적으로 해낸 것을 칭찬하면서 줘야 하기 때문이다. 그러면 아이는 자신감을 얻게 되고 더욱더 스스로 해내려는 태도를 갖게 된다.

둘째, 지나친 칭찬과 관심 역시 아이들에게 매우 해롭다는 사실을 알아야 한다. 앞서 말했다시피, '네가 최고다', '네가 제일 똑똑하다'는 칭찬은 아이에게 매우 해롭다. 그 자리를 지키기가 어렵다는 것을 알면 스트레스를 받기 때문이다. 이에 자신감을 북돋워주려는 의도로 칭찬을 많이 했다면, 점차 칭찬의 양을 줄이는 것이 좋다. 또한 칭찬을 하더라도 과장되지 않고 있는 그대로를 정확하게 해야 하며, 성과보다는 과정에 대해서 칭찬을 해야 한다. 즉, 성적이 좋더라도 노력하지 않았을 때는 칭찬을 해서는 안 된다. 노력이나 결과에 상관없이 칭찬을 하게 되면 그 칭찬은 전혀 의미 없는 것이 될 수도 있기 때문이다.

잔소리 역시 금물이다. 가장 중요한 것 한두 가지 정도만 말해준 후 스스로 모든 것을 해결해나갈 수 있도록 해야 한다. 이때 할 일을 적어서 눈에 잘 띄는 곳에 붙여놓으면 좋다. 예를 들면, 금요일 밤까지 방을 정리해야만 주말에 놀 수 있다고 약속했을 경우, 거기서 끝내는 것이 좋다. 그렇지 않고 계속해서 정리정돈을 했는지 체크해서는 안 된다.

중요한 것은 아이가 부모와의 약속을 어기지 않도록 하는 것이다. 즉, 금요일 밤까지 정리정돈을 하지 못했다면 주말에 절대 친구들과 놀게 해서는 안 된다. 틀림없이 아이는 금요일 밤까지 방 정리를 하지 않고서도 주말에 놀기 위해서 여러 가지 방법을 쓸 것이다. 이때 부모가 절대 넘어가서는 안 된다. 아이와 했던 약속을 확인시키고 무슨 일이 있어도 그것을 지키도록 해야 한다. 처음에는 아이가 다소 반항할 수도 있다. 하지만 곧 약속이 중요한 것임을 알게 되고, 이를 지키기 위해서 노력하게 된다. 나아가 책임 있고 약속을 잘 지키는 태도가 형성되면 학교생활에서도 큰 성취를 할 수 있다.

이렇듯 부모의 관심이야 말로 아이에게 가장 결정적인 동기가 될 수도 있다는 사실을 명심해야 한다.

작지만 큰 차이를 만드는 양육에 관한 지혜로운 전략과 노하우

슈퍼부모들의 자녀양육법

제임스 R. 캠벨, 조석희 지음 | 13,800원

5개국, 20년, 1만 명의 최우수학생들과 학부모 심층 취재, 연구를 통해 밝혀낸 놀랍고, 상식을 깨뜨리는 슈퍼부모들의 지혜로운 자녀양육법의 비밀!

자녀양육에 있어 모든 기대와 출발은 아이의 관심과 흥미로부터 시작해야 한다. 그런데 왜 다수의 한국 부모들은 아이가 관심도, 열정도 없는 일을 억지로 시키려고 하는걸까. 이 책은 이런 물음으로부터 시작되었다.

이 책의 목적은 부모들이 아이를 키우는데 있어 꼭 필요한 힘을 실어주는데 있다. 이에 그동안 우리가 잘못 알아왔던 자녀양육에 관한 수많은 오류와 실수를 바로잡고, 좋은 부모가 되는 데 있어 반드시 필요한 실질적이고 유용한 방법들을 다양한 사례와 함께 구체적으로 제시하고 있다. 이에 부모뿐만 아니라 예비 부모, 그리고 현직 선생님, 교육을 전공하는 예비 선생님들에게 매우 유용하다. 그런 점에서 이 책은 '어떻게 아이들을 키우고 가르칠 것인가?'에 관한 해답을 제시하고 있다고 할 수 있다.

아이의 인생은 오로지 아이에게 맡겨야 한다. 부모는 아이를 대신해서 직접 뛰는 선수가 아니기 때문이다. 부모의 역할은 아이들이 필요로 하는 것을 돕고, 지지하며, 응원하는 역할만으로도 충분하다.

• 이 책의 특징

- 5개국, 20년에 걸쳐 1만여 명의 최우수학생과 그 부모들 심층 취재, 연구
- 한국·미국·핀란드 등의 세계적인 교육학자들과 최고의 연구팀 참여
- 다수의 국제학회와 학술지에 발표해 세계 유수의 언론과 학부모들로부터
  뜨거운 관심을 받았던 신(新) 이론
- 아이들의 뛰어난 학문적 성취를 돕는데 있어 반드시 필요한 쉽고, 구체적인
  처방과 노하우

• 세계적인 교육학자들의 추천사

부모의 영향을 효과적으로 사용해 자녀의 발달을 촉진시키는 것은 과학이자 예술이다. 그런 점에서 모든 부모와 교사들은 이 책을 반드시 읽어볼 필요가 있다. 이 책은 캠벨 교수와 조석희 교수가 아이들의 재능이 어떻게 발달되는지에 대해 여러 나라에서 수행한 과학적 연구 결과를 바탕으로 완성되었다. 이에 그 동안 우리가 잘못 알아왔던 많은 생각들을 바로 잡고, 좋은 부모가 되는데 있어 반드시 필요한 실질적인 방법들을 제시하고 있다.

- 우 우티엔 박사(대만 국립사범대학교 교수, 전 세계 영재학회 회장)

캠벨 교수와 조석희 교수는 영재교육에 관한 연구로 이미 널리 알려져 있다. 이 책은 자녀의 뛰어난 학문적 성취를 돕는데 있어 꼭 필요한 방법을 부모들에게 제공하고 있다. 그런 점에서 지금까지 볼 수 없었던 자녀교육의 새로운 패러다임을 제시하고 있다고 할 수 있다.

- 허버트 월버그 박사(미국 일리노이대학교 시카고 캠퍼스 교수)

부모와 선생님이 함께 하는
내 아이를 위한 UP학습코칭

초판 1쇄 인쇄 2015년 11월 27일
초판 1쇄 발행 2015년 12월 10일

지은이 조석희
발행인 임채성
디자인 산타클로스

펴낸곳 도서출판 루이앤휴잇
주　소 서울시 양천구 목1동 923-14 드림타워 제10층 1010호
전　화 070-4121-6304　　　**팩　스** 02)332-6306
메　일 pacemaker386@gmail.com
카　페 http://cafe.naver.com/lewuinhewit
블로그 http://blog.naver.com/asra21, http://blog.daum.net/newcs

출판등록 2011년 8월 30일(신고번호 제313-2011-244호)

종이책 ISBN 979-11-86273-10-4　　13590
전자책 ISBN 979-11-86273-12-8　　15590

이 도서의 국립중앙도서관 출판시 도서목록(CIP)은 서지정보유통지원시스템 홈페이지(http://seoji.nl.go.kr)와
국가자료공동목록시스템(http://www.nl.go.kr/kolisnet)에서 이용하실 수 있습니다. (CIP제어번호: CIP2015029400)